中原工学院学术专著出版基金资助

中原工学院青年骨干教师项目（2019XQG06）资助

乌东近直立特厚煤层组冲击地压机理及恒阻防冲支护

郝育喜　胡江春　著

黄河水利出版社

·郑州·

内 容 提 要

本书以新疆乌东煤矿为工程背景，综合采用现场调查、室内试验、理论分析、数值计算及现场测试的方法，获得了该区近直立特厚煤层组围岩力学特性及冲击地压破坏特征，探讨了围岩应力场的演化特征和冲击地压类型，揭示了近直立特厚煤层组冲击地压发生机理，论证了恒阻大变形锚杆索材料性能及适用性，提出了该类冲击地压巷道围岩稳定性的控制原则及相应的恒阻吸能控制对策。通过数值模拟验证了支护方案的有效性，并进行了工业试验。本书可供从事矿业工程、岩土工程等相关工作、学习的高等学校教师、研究人员及研究生等参考，也可供有关工程技术人员参考。

图书在版编目(CIP)数据

乌东近直立特厚煤层组冲击地压机理及恒阻防冲支护/郝育喜，胡江春著. —郑州：黄河水利出版社，2021.8
ISBN 978-7-5509-3084-1

Ⅰ.①乌…　Ⅱ.①郝…　②胡…　Ⅲ.①特厚煤层-矿山压力-冲击地压-防冲-乌鲁木齐　Ⅳ.①TD324

中国版本图书馆 CIP 数据核字(2021)第 174817 号

组稿编辑：王志宽　电话：0371-66024331　E-mail：wangzhikuan83@126.com

出 版 社：黄河水利出版社　　　　　　　　　　网址：www.yrcp.com
　　　　地址：河南省郑州市顺河路黄委会综合楼 14 层　邮政编码：450003
发行单位：黄河水利出版社
　　　　发行部电话：0371-66026940、66020550、66028024、66022620(传真)
　　　　E-mail：hhslcbs@126.com
承印单位：河南新华印刷集团有限公司
开本：890 mm×1 240 mm　1/16
印张：7.75
字数：180 千字
版次：2021 年 8 月第 1 版　　　　　　　　　印次：2021 年 8 月第 1 次印刷

定价：65.00 元

前　言

　　冲击地压是指地下工程开挖后围岩中大量弹性能沿临空面瞬间释放的动力学现象，具有突然性、不确定性和巨大破坏性，给矿井安全生产带来巨大威胁。冲击地压的孕育和发生，是构造和地层特征与采掘工程条件相叠加后，能量聚集和非稳态释放的结果，其影响因素主要为地质条件和采掘技术条件，同时具有时空演化特征。

　　我国急倾斜特厚煤层主要分布在新疆、宁夏、甘肃等西部区域，近直立煤层组是一种极为特殊的急倾斜煤层产状，其地层倾角一般为 85°~90°。在这种地质条件下最常见的开采方式为水平分段开采，一般为综合机械化放顶煤开采工艺。这种开采方法分段高度较大，采出煤量多；并且地层近直立，煤层顶底板岩层不能完全垮落，造成悬顶长度大，采场周围应力集中程度高，甚至会出现动力冲击现象，例如在新疆乌东煤矿、甘肃窑街煤矿和华亭煤矿均有此现象。本书就乌东煤矿近直立煤层冲击地压发生特点、诱发因素、发生机理进行研究，并采用恒阻大变形锚杆锚索进行防冲支护。

　　乌东煤矿属于乌鲁木齐矿区，该区位于天山山脉北麓，乌鲁木齐市东北部，距乌鲁木齐市约 34 km。乌东煤矿位于八道湾向斜南北两翼即属于山前构造带的二级构造单元，其南采区煤层倾角约为 87°，为典型的近直立煤层。矿井采用水平分段开采方式自上而下进行开采，开采工艺为综采放顶煤。在该地质和采掘技术条件下，采深 350 m 时，回采工作面及回采巷道发生多次冲击地压动力现象。因此，为了研究其冲击地压的发生机理并对其回采巷道进行防冲支护，本书在进行大量现场调研、实地测试和资料分析的基础上，采用理论分析、数值模拟等方法，对近直立煤层组冲击地压发生的特征和影响因素、煤层开挖后围岩应力和能量分布特征进行深入分析，揭示了乌东煤矿南采区近直立煤层组冲击地压类型和其能量机理。总结了巷道防冲支护原则，提出以恒阻大变形锚杆锚索为主要支护材料的防冲支护形式，并通过理论分析和数值模拟进行验证。

　　本书共有 7 章。第 1 章为绪论，主要介绍了近直立煤层矿井乌东煤矿南采区开采所面临的问题，分析了其冲击地压发生机理现有研究成果，对比现有冲击地压支护形式，并说明该问题具有进一步研究的必要性。第 2 章阐述了近直立煤层的分布及其产状，着重分析了近直立煤层区域地质构造，介绍了乌东煤矿南采区近直立煤层工程地质和采掘技术条件。第 3 章分析了三次典型的冲击地压显现情况，研究其发生的时间和空间特征，得到了现场冲击地压显现特征，并深入分析了冲击地压发生的影响因素。提出了乌东煤矿近直立冲击地压的两种类型。第 4 章论述了恒阻大变形锚杆锚索的结构组成和技术特点，对恒阻大变形锚杆锚索进行静力拉伸试验，从高预应力高强支护、忍受大变形和吸能防冲三个方面论述了恒阻大变形锚杆锚索防冲作用原理。第 5 章从冲击地压发生的特点出发，论述了防冲支护的重要性和必要性，以及选择合适防冲支护材料的关键性，提出恒阻锚索的耦合支护形式，并利用数值模拟方法进行该方案的模拟实验研究。第 6 章为工业性实验。第 7 章为总结。本著作 1~6 章由郝育喜完成，第 7 章由郝育喜、胡江春共同完成。

　　本书的主要内容来自于近年来所完成的科研课题成果，部分现场资料取自神新能源公司乌东煤矿，在此衷心感谢神新能源公司及乌东煤矿的有关管理与现场工程技术人员。书中引用了国内外诸多专家学者的文献资料，在此对这些专家和学者表示诚挚的谢意！

　　由于作者水平有限，书中难免存在不足与欠缺之处，恳请广大读者批评指正。

作　者

2021 年 6 月

目　录

第 1 章　绪　论

1.1　问题的提出

冲击地压作为矿山生产过程中的主要灾害,是一种常见的煤岩动力失稳现象,几乎在所有的主要产煤国家的矿井中都发生过冲击地压。冲击地压是煤岩体在高应力状态下聚集的大量弹性能[1],向开挖空间突然猛烈地释放,造成煤岩动力冲击破坏的一种动力灾害形式。往往造成巷道围岩冲击大变形破坏、大量煤体抛出、支架损毁,甚至造成人员伤亡的巨大损失。冲击地压还可能引起矿井其他形式的灾害,如瓦斯突出、瓦斯和煤尘爆炸;能量和较大冲击地压甚至造成地面局部地震。瓦斯冲击地压具有突发性、不确定性、复杂性和巨大的破坏性,给矿井安全生产造成巨大威胁[2-3]。

我国是产煤大国,拥有众多开采矿井,同时也饱受冲击地压的危害。1985 年我国冲击地压煤矿有 32 个,随后冲击地压矿井数量逐年增长,2011 年底统计,发生冲击地压的矿井多达 142 个[4]。随着最近几年矿井开采深度的增加、煤炭整体开采条件的进一步恶化,冲击地压矿井数量仍会继续增加。

冲击地压的孕育和发生,是构造、地层特征与采掘工程条件相叠加后能量聚集和非稳态释放的结果,其影响因素主要为地质条件和采掘技术条件,同时具有时空演化特征。近年来,在我国西部一些采深小于 400 m 的矿井开始发生严重冲击地压现象,造成巨大损失[5]。冲击地压的发生与矿井所处地质环境有着紧密的联系,特殊的地质条件对浅部冲击地压的发生往往具有重大影响。尤其是受构造运动影响强烈、地质动力学特征明显的矿井,往往易在浅部发生冲击地压。

近直立地层产状往往形成于强烈的地质运动,所在地层甚至遭受多次地质构造运动的影响,在区域地层中形成倾角较大的褶皱和断裂等,使得有些地层发生直立或倒转,形成近直立地层产状。在近直立地层中残余构造应力强烈,煤炭开采地质应力环境复杂。近直立煤层在乌鲁木齐东北部区域广泛分布,该区域赋存 30 多层厚度与间距迥异的近直立煤层组,乌东煤矿南区、碱沟煤矿、苇湖梁煤矿和六道湾煤矿为该区主要的近直立煤层矿井。近直立煤层由于受到特殊的地质构造运动和岩层沉积作用的影响,使得煤岩层的变形、能量分布和应力状态等均具有自身的特殊性。近直立煤层特殊产状决定了回采巷道围岩岩性和受力的不对称性,加之复杂多变的地应力条件,尤其在厚煤层开采情况下,开采空间大,开采扰动剧烈,即便在浅部开采,仍会发生严重的冲击地压现象。乌东煤矿为相邻矿井,开采相同的煤层,两煤矿在采深不足 350 m 的浅部开采时即发生冲击地压动力现象。乌东煤矿南采区和碱沟煤矿均为神华新疆公司主力矿井,开采相同煤层时,开采方法和工艺基本相同,动力显现较为相近,因此以乌东煤矿南采区为例进行说明。

乌东煤矿南采区位于八道湾向斜南翼。受强烈的地质运动作用,八道湾向斜南北两翼倾角分别约为 87° 和 45°。煤矿开采 B1+2 煤层和 B3+6 煤层,地层倾角为 87°,为近直立特厚煤层组开采,两煤层组之间为 50~100 m 的近直立岩层。采用水平分段开采方法,综合机械化放顶煤开采工艺,采深为 350 m 时,矿井出现动力现象,诸如冲击地压、矿震、围岩大变形、矿压显现剧烈等;矿井开采+500 m 水平分层时,于 2013 年 2 月 27 日和 7 月 2 日发生两次较大冲击地压显现现象,矿压显现范围 200~400 m,两回采巷道均出现了较大程度的底鼓和帮鼓及顶板下沉,同时诱发冒顶现象;冲击地压导致工字钢梁严重变形,串车被振起掉道,转载机机尾弹出滑道和单体支柱折损等严重事故。冲击地压显现同时造成下分层+475 m 水平准备工作面两回采巷道大变形破坏现象,影响范围巷道超过 100 m。随着开采深度的不断增加,工作面巷道冲击地压发生的频次及影响范围将会进一步加剧。对于其他近直立煤层矿井,在开采到一定深度后也会面临冲击地压的危害。乌东煤矿南采区和碱沟等煤矿对于现阶段冲击地压的问题采取了一些解危措施进行治理,起到了一定的效果,但是由于冲击地压的复杂性和不确定性,对近直立煤层冲击地压机理还需进一步深入研究和认识。同时现有解危措施不能或者不确定能够将冲击地压完全消除,对冲击地压的支护防护即为消除和减弱冲击地压,保障矿井安全的最后一道防线,因此加强冲击地压支护防护研究具有重大意义。

巷道冲击地压发生过程中冲击动载荷和大量能量的瞬间释放,不可避免地造成围岩冲击大变形。因此,冲击地压巷道支护较普通巷道支护有更高的要求。基于主动支护、能量吸收和大变形控制的观点,何满潮院士研发了恒阻大变形锚杆锚索[6],该新型锚杆锚索具有主动高强支护、适应围岩大变形、瞬间吸收能量的特点,具有良好的静力和动力学特性。本书研究恒阻大变形锚杆锚索力学性能和抗冲击作用,结合对近直立煤层冲击地压的研究,以恒阻大变形锚杆锚索为主要支护材料进行相应防冲支护设计,并研究该支护与围岩形成的防冲支护系统对冲击载荷的支护防护能力。

1.2　国内外研究现状

1.2.1　冲击地压机理研究现状

1.2.1.1　冲击地压理论研究

通过试验研究和现场调研,国内外学者分别从煤岩体的力学性质、工程动力扰动、煤岩细观结构等方面对冲击地压诱发机理进行了系统研究,并据此提出了一系列冲击地压诱发理论。

1. 强度理论

20 世纪 60 年代,Bieniawski、Hoek 等[7-8]认为冲击地压是由顶底板应力集中高于煤层极限强度时引发的。该理论提出,由煤体、顶板、底板三者组成的煤-围岩系统,受顶、底板挤压作用,当煤体和顶、底板的边界位置满足其极限平衡条件时,煤体强度不足以承受更高应力,最终失稳引发冲击地压。Burgert[10]在前人基础上,提出了煤层极限应力:

$$P_c = (\sigma_c + c \cdot \cot\varphi)\left[\exp\left(2\tan\varphi\frac{X}{M}\right) - 1\right] + \sigma_c = \sigma_x + \sigma_c = \sigma_z \tag{1-1}$$

为了使上式更准确,李玉生[11]等做了如下改进:

$$P_c = \delta_0 \exp\varphi [K\tan\varphi'(2L - 1)] \tag{1-2}$$

式中 δ_0——煤体的残余强度,

L——$L = x/M$;

φ'——煤岩交界处内摩擦角;

K——三轴残余强度系数。

然而上述两式只以强度形式提出了冲击地压发生的必要条件,没有解释煤体应力超过其强度时没有发生冲击地压的现象,同时煤-围岩系统的冲击属性、能量积聚及释放过程等均被忽略,因而强度理论没能指出冲击地压发生的本质。

2. 能量理论

Cook、Wawersik 等[12-15]学者提出了能量理论。认为,一旦煤岩系统演变过程中释放的能量大于消耗的能量,系统即失稳引发冲击地压。在此研究基础上,佩图霍夫[16]提出,能量释放量与煤岩系统的刚度紧密联系。由于矿层被压缩过程中,矿层—围岩机构的刚度下降,从而引发能量的非稳态释放。开采中释放的能量就是引发冲击地压的能量源,而其中大部分能量是从围岩中发源的。20 世纪 70 年代,布霍依诺[17]提出了能量率理论,并提出了冲击地压引发的判据。该理论虽然考虑了围岩系统破坏过程中各部分能量间的关系,并提出了冲击地压发生的判据,但并没反映出系统的空间位置效应。

3. 冲击倾向理论

冲击倾向理论主张煤岩体的冲击倾向性是诱发冲击地压的内在因素[18-20]。现场实践与实验室试验均证明,不同煤层发生冲击地压的危险性是不同的,只有具备冲击倾向性的煤体,才具备稳定储能并瞬间释能,产生灾变的能力[21]。根据该研究成果,国内外研究人员提出了一系列包括动态破坏时间、弹性能量指数、冲击能量指数等用于衡量煤岩冲击倾向性的指标。

近年来,学者们依据煤岩冲击倾向性理论,做了大量研究,不断丰富并完善该理论,齐庆新等[22]系统分析了用煤的单轴抗拉强度作为其冲击倾向性的一个指标的可能性,王文婕[23]全面研究了冲击倾向性对采动应力场和能量场的影响。这些研究极大地丰富了冲击倾向理论的研究内容,为学者们的后续研究提供了参考。

4. 失稳理论

该理论由国际岩石力学学会前主席 Brown[24]教授提出,他在国际冲击地压研讨会上提出冲击地压的力学过程是一个非稳定平衡的岩石破坏过程,其观点受到与会代表们的认同。章梦涛等[25-27]扩展了冲击地压失稳理论,建立了多个煤岩体失稳模型,并提出了煤岩失稳判别准则,将该理论进行了数学描述,还建立了冲击地压—瓦斯突出统一理论。章梦涛提出的煤岩系统在临界平衡状态的条件如下:

$$\begin{cases} \sigma\pi = 0 \\ \sigma^2\pi \leqslant 0 \end{cases} \tag{1-3}$$

式中 π——煤岩系统的总势能泛涵,且

$$\pi = \frac{1}{2}\int_V \{\varepsilon\}^T \cdot \{\sigma\} \, dV - \int_V \{u\}^T \cdot \{f\} \, dV - \int_S \{u\}^T \cdot \{T\} \, dS \tag{1-4}$$

$\sigma\pi$——总势能泛涵 π 的变分。

据此,潘一山[28]提出了稳定性动力准则,得到圆形硐室发生冲击(岩爆)的临界应力。

5. 突变理论

20 世纪 70 年代,Saunders[29]创立了突变理论。该理论可较为满意地解释岩石力学与采矿工程的动力失稳过程。该理论通过建立煤岩系统突变模型,对突变过程的主控因素(顶底板性质、地质赋存条件、煤体冲击倾向等)实施定量分析,从而解释冲击地压发生的机理。国内各学者对该理论的扩展和丰富也做出了巨大贡献,潘一山等[30]用突变理论解释了冲击发生的物理过程。尹光志等[31]提出了煤岩失稳的突变理论模型。潘越等[32-33]提出了窄煤柱冲击地压的突变理论,并从功能的观点解释突变理论,得到岩石材料动力失稳的突变研究方法。高明仕等[34-35]、左宇军等[36-38]也以突变理论为依据,建立了相应的煤岩动力失稳模型。唐春安等[39-41]、Wang 和 Park[42]利用突变理论,研究了断层对于冲击地压的诱发,推演了煤岩系统冲击失稳的极限条件以及能量方程。突变理论将断裂损伤机理与煤岩的裂隙扩展相结合,是刚度与强度理论的进一步发展。

由于冲击地压形成过程的复杂性,其涉及多个领域,所以很难用单一的理论来描述冲击地压的机理。相关学者们尝试从不同的出发点入手,提出了其他理论。

齐庆新、刘天泉等[43-45]基于现场观测和室内实验,提出了煤岩破坏的"三因素"准则,提出冲击地压的发生需要同时具备内在因素、力源因素和结构因素。谢和平[46-50]院士提出用分形几何学的方法来解释冲击地压的发生机理,提出分形维数随着岩石裂隙的增多而降低,冲击地压出现时分形维数值最低。窦林名[51-52]建立了冲击地压的弹脆性模型,解释了载荷突变对煤岩体的破坏以及煤岩体破坏与能量释放之间的联系,同时以室内试验为依据,提出了煤岩动力破坏中的声电效应。

学者们根据冲击地压发生过程中的力学原理,有针对性地提出了相应的冲击理论。缪协兴等[53-54]依据断裂力学,提出了煤岩滑移裂纹扩展的冲击失稳模型。黄庆享等[55]提出了巷道冲击地压的损伤力学模型。冯涛等[56-59]提出了了硐室岩爆的层裂屈曲模型和测定岩石弹性变性能的新方法。

在国外,学者 Vesela、Beck 等[60-61]提出了能量集中存储度和冲击敏感度等定义。Vardoulakis[62]将岩石动力失稳作为结构的表面失稳进行分析,认为局部裂隙发育与大规模岩石崩出无关。慕尼黑工业大学的 Lippmann[63-66]将煤岩系统失稳当作极限静力平衡失稳处理,提出了煤岩冲击的"初等理论"。

1.2.1.2　冲击地压室内试验方面

冲击地压是一种煤岩体失稳的力学类型,采用岩石力学的试验方法再现煤岩系统失稳破坏过程,是研究冲击地压发生机理的重要手段,故室内试验方面的研究已成为研究冲击地压的重要分支。

1. 加卸载试验研究

岩石冲击现象又叫岩爆,由于冲击地压与岩爆均为围岩开挖引发的岩体动力失稳现象,二者发生机理十分相似,故很多室内试验对岩爆现象展开研究。何满潮[67-73]设计了具备多向加载条件下某面突然卸载功能的岩爆实验系统,模拟了工程开挖引发的岩石失稳现象。苗金丽[74]对花岗岩在岩爆中的声发射现象裂纹扩展间的联系进行了研究,结果表明 RA 值增加时,岩石产生张拉裂纹;RA 值降低时,岩石产生剪切裂纹。聂雯[75]对含有层理的砂岩进行了岩爆试验,研究了层理砂岩的破坏特征、声发射特征、断裂面分形情况,并对其进行了 DDA 数值分析。CAI M 等[76]研究了试验机刚度与岩爆室试验的关系,结果表明试验机刚度越高,岩爆现象的测试效果越好。

姜耀东[77]从细观机理的角度,研究了煤岩加卸载过程中期内部微裂纹扩张、贯通最终诱发煤岩体整体失稳的力学过程。赵毅鑫等[78-81]研究了冲击倾向性煤体破坏过程中的声热现象,提出了煤岩冲击失稳的破坏前兆信息,并进行了霍普金森杆冲击加载煤样巴西圆盘劈裂试验,研究了冲击速度与煤样层理倾角对煤样力学性质(破坏应变、抗拉强度等)的影响。

吕玉凯等[82]研究了不同冲击倾向的煤样表面的温度场与变形场的演化特征,发现冲击倾向煤样的变形场演化较非冲击煤样剧烈,而冲击煤样的温度场的变形局部化的演化过程比非冲击煤样简单。李海涛等[83]研究了率效应影响下煤的冲击特性评价方法,提出了"加载速率敏感度"指标以及回避临界加载速率的方法。孟磊[84]利用声发射及全应力应变仪器监测了原煤煤样失稳破坏的全过程,阐明了含瓦斯煤岩体的声发射发生机理,详细分析了含瓦斯煤岩体的损伤失稳规律。李宏艳、徐子杰等[85-86]研究了不同冲击倾向煤体失稳破坏声发射先兆信息。苏承东等[87-89]研究了煤样力学性质、保水时间对其冲击倾向性指标的影响。

2. 模型试验研究

通过相似模拟试验方法,能够直观地模拟冲击地压发生过程中岩体结构变化和受力失稳情况。学者们从该角度出发进行了一些探索试验,对冲击地压的研究取得了一定的进展。

Vacek J[90]配比了相似试验材料,制备了试件来模拟煤层,通过模拟煤层施加加载试验,模拟了采场推进过程中强烈的岩爆现象。Burgert W 和 Lippman M[91]建立了煤岩冲击地压的平移模型,得出冲击地压归因于结构面的平移失稳的结论,解释了冲击地压发生的过程。费鸿禄、Burgert W 等[92]研制出了用于模拟冲击地压的相似材料。Brauner[93]实施了煤样孔洞的冲击试验,给出了钻孔过程中压应力与时间的关系,详细分析了煤层条件(节理、厚度、应力场等)对孔洞冲击的影响。

潘一山、章梦涛、王来贵等[94-95]自行制备出了模拟岩爆的脆性破坏材料,可在实验室模拟不同条件、不同震级的岩爆试验,并提出了相应的岩爆相似系数 E/λ,该课题组还设计了相似模拟试验,模拟了断层冲击地压的发生,表明采深是诱发冲击的重要因素。张晓春、缪协兴等[96-98]设计了模拟煤岩冲击失稳的模拟试验,揭示了在自由面附近的裂纹扩展、贯穿并形成层裂结构是导致煤层冲击失稳的重要原因,该课题组还利用相似材料模拟了煤矿冲击地压发生的现象,分析了煤壁局部失稳并引发片帮型冲击地压的机理。史俊伟等[99]运用实验室相似模拟试验,研究了巨厚砾岩诱发采场冲击的机理,提出上覆巨厚砾岩失稳垮落诱发了采场冲击地压。吕祥锋、潘一山等[100-102]进行了煤巷冲击地压相似模拟试验,证明实验室自行配置脆性材料模拟巷道遭受冲击破坏是可行的,冲击特征明显。

除相似模拟试验方法外,数值模拟方法也被用于冲击地压研究中。姜福兴等[103]利用数值模拟,研究了巨厚顶板与构造带发育等多因素影响下冲击地压的发生机理,提出承受高应力的巨厚煤层由于产生塑性膨胀,引发围岩应力增高,受开采动力扰动而发生大范围滑移失稳,引发冲击地压。

牟宗龙等[104-105]用数值模拟分析了围岩岩性以及断层等地质构造对冲击地压的影响,并对底板冲击地压的控制方面进行了模拟,得到上覆围岩的选定长、厚度以及强度对冲击地压危险性的影响。

姜耀东等[106]模拟了受开采动力扰动引发断层活化,在诱发冲击地压方面的作用。结果表明,回采方式的不同对断层活化的影响不同,下盘开采时对断层的影响更集中,活化危险更高,更容易发生冲击地压。

1.2.1.3　急倾斜煤层冲击地压的研究

由于开采条件的特殊性,对急倾斜煤层冲击地压的防治方面的研究不多,学者们多与现场的工程实践相结合,采用理论分析、数值模拟等方法对急倾斜煤层冲击地压的预测及防治展开研究。

蓝航[107]提出了外伸梁力学模型,对近直立特厚煤层分段同采条件下诱发冲击地压的力源进行了分析,提出由于力源作用在煤体上的应力变化率超过煤体的动态破坏应力指数而诱发冲击地压的观点。杜涛涛等[108]采用数值模拟、微震监测和现场实测的手段,确定了近直立特厚煤层上采下掘时,防止冲击地压的合理采掘相向安全距离。张基伟[109-110]研究了急倾斜煤层支承压力的分布特征、覆岩破断机理与强矿压控制方法,为急倾斜煤层开采过程中冲击地压的防治提供了思路。邓利民、陆卫东等[111-112]利用数值模拟,对倾斜煤层开采过程中煤层倾角对冲击危险性的影响,以及急倾斜煤层采动围岩应力分布进行了分析。鞠文君[113]研究了急倾斜特厚煤层水平分层开采时上覆岩层活动规律,认为构造应力和采动附加应力是造成华亭煤矿冲击地压的主要原因。易永忠等[114]认为特厚急倾斜煤层顶板围岩不对称结构,易引发局部不对称变形,从而引发冲击地压。

1.2.2　冲击地压机巷道支护研究现状

1.2.2.1　巷道冲击地压支护技术研究

何满潮[115]采用现场巷道围岩爆破模拟冲击地压的方法,研究了具有负泊松比效应的恒阻大变形锚索防冲作用,结果表明该锚索能够在爆破冲击瞬间产生滑移变形的同时吸收能量,验证了恒阻大变形锚索良好的防冲效果。

康红普[116]研究了锚杆锚索对深部冲击地压巷道的支护作用,提出采用全长锚固预应力,以高强高韧性锚杆锚索支护为主,以金属支架为辅的复合支护方式。

高明仕、窦林名等[117-118]提出冲击地压巷道强弱强结构支护,并分析其力学模型,提出在支护系统中设置弱结构减弱震源荷载,同时提高支护强度进行防冲支护。

王凯兴、潘一山[119]研究了围岩和支护体阻尼对冲击地压支护的机理和作用,提出围岩与支护统一吸能防冲理论。

王平等[120]对锚杆锚索协调防冲支护的理论进行研究,通过对大变形锚杆(索)的试验研究,给出了不同冲击强度的试验设计方法。

王斌等[121]研究了围岩岩爆的动力学机理,提出岩爆灾害控制的动静组合支护原理,并提出预留锚固方式、动静组合锚杆等关键技术,认为锚杆变形构建应设置在围岩体破裂区和弹性区边界附近。

潘一山等[122]采用多孔泡沫金属材料构件和高强度液压支架进行防冲支护研究,并提出围岩-吸能材料-钢支架耦合防冲支护。

Peter K. Kaiser, Ming Cai[123-124]对冲击地压现象、类型、机理进行了回顾研究,提出了冲击地压巷道防冲支护原则,并指出不同的工程背景下采用的具体支护对策,并研发了岩爆支护设计软件。

吕祥锋、潘一山等[125]采用相似模拟和低能爆破模拟冲击对围岩的动力作用,表明普通锚杆锚索仅能抵抗弱冲击动力载荷,对于强冲击巷道支护应增加柔性支护材料和进一步加强支护。

1.2.2.2 吸能锚杆锚索研究现状

目前,国内外巷道及地下工程支护广泛采用锚杆锚索支护,针对不同巷道的支护特点,锚杆形式也有所不同。目前,已发展出多种形式和功能的锚杆,锚杆的性能也在不断地改进,从单一圆钢锚杆,到高强高刚等强螺纹钢锚杆,再到适应冲击动载荷的可伸长锚杆。针对冲击巷道围岩支护,相关学者较为认可的观点为:采用主动高强度可变形吸能支护效果较好。因此,各种可伸长吸能锚杆被开发出来,如 Roofex 锚杆、Modified Conebolt 锚杆、Yield-Lok 锚杆、DSI 动态锚杆、D-Bolt 等[126]和何满潮[6]研发的负泊松比恒阻大变形锚杆锚索。

Roofex 大变形锚杆可以在保持一定支护阻力的情况下产生一定量变形,其杆体为高强度无应变钢筋,外套光滑材料,核心部件为吸能装置,允许杆体在动静载荷作用下滑移。其缺点为支护阻力较小,安装施工不方便。

Modified Conebolt 锚杆由加拿大诺兰达公司开发,具有圆锥形杆头,由套有塑料管的金属杆体和托盘组成,在受到动力冲击时圆锥形杆头部依靠数值屈服,产生变形吸能。

Yield-Lok 锚杆是一种屈服变形锚杆。其将金属杆体预封装在聚合物涂层中,采用树脂或水泥砂浆全长或部分段锚固(见图 1-1),当受冲击载荷时,聚合物涂层与注浆介质之间相互作用,产生屈服变形的同时吸收能量。

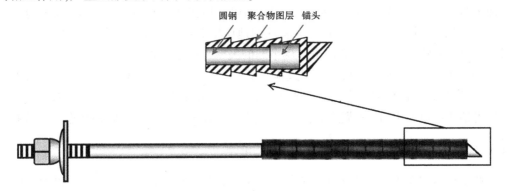

图 1-1 Yield-Lok 锚杆及聚合物涂层

D-锚杆通过充分调动锚杆材料的强度和变形能力来吸收岩石膨胀能量。D-锚杆的光滑截面独立提供加固岩石的作用,某一节的失败将不会影响锚杆其他部分的加固作用。该锚杆具有 O-anchor 和 W-anchor 两种杆体形式(见图 1-2)。

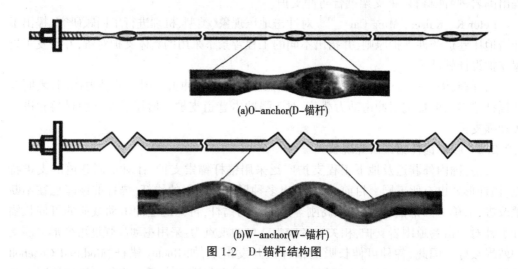

(a)O-anchor(D-锚杆)

(b)W-anchor(W-锚杆)

图 1-2　D-锚杆结构图

1.3　存在的问题

1.3.1　近直立煤层冲击地压研究存在的问题

通过对上述文献的查阅和分析可知,国内外诸多学者通过理论分析、室内试验、数值模拟等方法对冲击地压进行了长期大量的研究,在近水平和缓倾斜煤层冲击地压的发生机理和防治方法方面取得了一些共识和应用成果,但是近直立煤层组赋存条件、地质构造和缓倾斜煤层具有很大区别,造就了矿井特殊的地质应力环境,特殊的地层产状和开采技术条件等因素均对冲击地压的发生具有一定的影响。由于近直立煤层分布较少,对于近直立煤层冲击地压的研究尚不充分。对于近直立煤层冲击地压研究中存在的问题主要有以下几点:

(1)浅部冲击地压的发生,往往和特殊的地质构造及其地应力分布有着紧密联系,但目前尚没有对特殊地质构造和冲击地压中间的关系进行充分研究。

(2)冲击地压的发生是高应力引起能量聚集,并突然释放造成的非稳定性动力失稳现象,而煤矿开采过程中高应力的形成和煤岩系统相互作用有直接关系,现有对近直立煤层冲击地压的研究中,缺乏煤层开采后顶、底板岩层和未开采煤层之间相互作用的研究。

1.3.2　冲击地压巷道防冲支护存在的问题

冲击地压的发生往往给矿井造成巨大的损失,因此应引起工程人员和企业的重视,对于冲击地压矿井,进行动态监测预警和采取局部解危措施,来治理冲击地压。然而由于冲击地压的复杂性、不确定性等原因,现阶段不可能做到准确预测冲击的发生时间、地点和造成损伤的大小,同样实施的解危措施也不一定完全避免冲击地压的发生。据统计,在煤矿冲击地压中,85%的冲击地压发生在回采巷道,因而冲击地压的支护防护十分必要。

通过对冲击地压巷道支护现状的了解,现有冲击地压巷道支护形式主要有锚网索支护、锚网索+钢棚支护、圆形或门式支架、垛式支架和桁架支护,以及复合支护等形式。这些支护形式对冲击地压巷道的防冲支护存在以下问题：

(1)这些支护措施中锚网索以及锚网索+钢棚支护对冲击地压的防护能力较弱,仅对较弱能量冲击动力有一定的防护作用。

(2)上述几种巷道支架支护对冲击地压有一定的防护能力,但是仍属于被动的支护形式,不能有效地提升围岩的强度,没有充分发挥围岩自身的强度。支架由较多部件构成,系统易出现薄弱环节。同时支架体积大,不但自身运输不便,给正常生产运输造成一定的影响,而且生产效率低下。

(3)这些传统的支护方式在面临大能量冲击地压并伴随围岩垮落冲击时,由于其不能瞬间吸收冲击能量而产生屈服变形,仅采用强力支护的方法很难把冲击地压的危害降到最低。

总之,目前对近直立煤层围岩应力分布规律、冲击地压的发生模式等还没有针对性的研究成果,同时缺乏对回采巷道大范围冲击地压破坏的防冲支护防护的有效措施。对近直立煤层冲击地压发生机理和巷道冲击支护防护的研究,对近直立煤层冲击地压治理和防护具有重要意义。

1.4 研究方法及主要研究内容

本书以乌东煤矿南采区为工程地质背景,通过现场调研测试分析、室内力学试验、数值模拟和理论分析等主要方法对近直立煤层冲击矿压发生的原因、规律进行研究,并在此基础上对回采巷道冲击地压支护防护进行研究。主要研究内容包括以下几点:

(1)近直立煤层地质条件分析及其对冲击地压的影响。

依据乌东煤矿南采区典型近直立煤层工程地质背景,采用空心包体应力解除法,进行了地应力现场测试和地应力分布规律的研究,研究最大主应力方向与巷道和煤层走向的夹角,评价地应力对巷道围岩以及中间岩柱体稳定性的影响。对煤岩物理力学性质和冲击倾向性进行测试分析,研究煤岩体是否具备发生冲击地压的属性。

(2)近直立煤层冲击地压特征与影响因素。

回顾乌东煤矿南采区近直立煤层典型冲击地压发生过程,深入分析冲击地压对巷道围岩破坏规律和时空演化规律,总结近直立煤层冲击地压特征。研究冲击地压发生的地质和采掘技术条件,分析冲击地压的影响因素。

(3)分析近直立煤层冲击地压发生的原因、类型。

首先依据典型冲击地压发生时的地质条件和开采条件,建立数值模型,依据地应力测试结果进行模型边界加载,采用数值模拟的方法,研究煤层开挖后近直立顶底板围岩对开采水平以下应力分布的影响,分析高应力集中区域和状态,分析近直立煤层冲击地压发生的应力条件。其次根据现场调研和数值分析,总结提出乌东煤矿近直立煤层冲击地压的类型,并采用冲击地压能量原理对其进行分析。

(4)研究恒阻大变形锚杆锚索力学性能和防冲支护原理。

采用静力拉伸试验和落锤动力冲击试验对恒阻大变形锚杆锚索静力学和动力学性质进行试验研究,总结提出回采巷道防冲支护原则。基于此,采用理论分析方法阐明了防冲支护原理。

（5）进行近直立煤层回采巷道防冲支护方案设计,研究其防冲支护效果。

基于乌东煤矿南采区近直立煤层工程地质条件和冲击地压特征,进行近直立煤层回采巷道防冲支护方案设计,采用数值模拟方法及等效冲击动载加载方案,研究冲击过程中恒阻大变形锚杆锚索与围岩相互作用,以及分析锚杆锚索及围岩的受力和变形,研究支护方案的防冲效果。

本书研究和实施的技术路线见图 1-3。

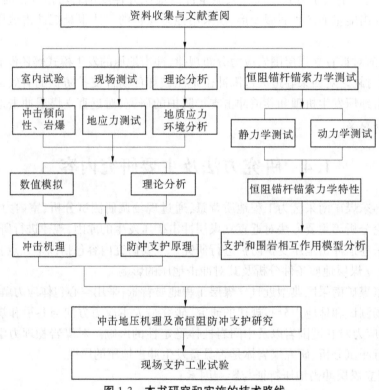

图 1-3　本书研究和实施的技术路线

1.5　本书创新点

（1）分析得到了近直立两煤层组冲击地压特征和影响因素;首次提出近直立煤层组冲击地压的两种类型,即坚硬顶板高应力型冲击地压和中间岩柱体力矩冲击地压。

（2）得到了近直立煤层组坚硬顶板高应力型冲击地压和中间岩柱体力矩冲击地压发生的主要原因,即高耸岩层在水平不平衡力和自重作用下向采空区产生倾斜位移,造成顶板岩层能量聚集和中间岩柱体力矩作用。

（3）提出恒阻大变形锚杆锚索自动耦合概念及防冲支护原理,采用恒阻大变形锚杆锚索为主要支护材料对近直立煤层冲击地压巷道进行防冲支护。提出采用等效冲击动载加载方法,研究冲击过程中恒阻大变形锚杆锚索与围岩相互作用及其防冲支护效果。

第 2 章　近直立煤层组地质概况及围岩特性

近直立煤层主要集中分布于乌鲁木齐东北部。本章依据乌东煤矿南采区工程实际情况，介绍该矿区近直立煤层组的地质概况和生产技术条件。近直立煤层产状特殊，其地应力分布规律也有自身特性，为了解地应力情况，采用空心包体应力解除方法，对该矿进行了地应力测试，地应力以水平应力为主，最大水平主应力方向与回采巷道夹角约为 82°，接近垂直，对回采巷道围岩稳定性有较大影响。煤岩体作为冲击地压发生的物理介质，其物理力学性质是研究近直立煤层冲击地压发生机理的基础数据，因此本章测试并分析了其围岩的力学性质和冲击倾向性，得到 B3+6 煤层顶底板粉砂岩强度大，岩性好，具有良好的储能性质，同时通过测试可知，B3+6 煤层及其顶底板岩石均有弱冲击倾向性。

2.1　工程地质

近直立煤层为煤炭赋存地质条件中较为特殊的一种，我国现开采的近直立煤层组主要集中于乌鲁木齐东北部，该地区近直立煤层组为同一地层。本书采用乌东煤矿南采区近直立煤层组地质条件进行说明，乌东煤矿距乌鲁木齐市东北部约 34 km，如图 2-1 所示。乌东煤矿南采区地处天山中段北面山前丘陵地带，属博格达北麓的山前丘陵带，一般高差为 60 m，标高约 850 m，南采区井口高标为 804 m。小型沟谷纵横交错，大型沟谷以南北走向为主，区内大部分为第四系黄土及亚砂土所覆盖。

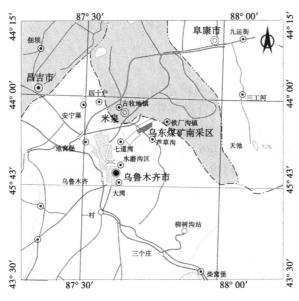

图 2-1　乌东煤矿地理位置

2.2 矿井概况

2.2.1 矿井区域构造

　　乌东煤矿属于乌鲁木齐矿区,该区位于天山山脉北麓,前期构造运动和天山山脉尤其是博格达峰的强烈隆起,对该区地层产生强烈挤压,形成了四个较大褶皱和断裂构造带,各构造带中分布较多二级构造单元。乌东煤矿位于八道湾向斜南北两翼即属于山前构造带的二级构造单元。八道湾向斜相邻地层褶曲为七道湾背斜,同时乌鲁木齐矿区内还有碗窑沟逆冲断层(F₂)等地质构造。乌鲁木齐矿区构造纲要如图 2-2 所示。

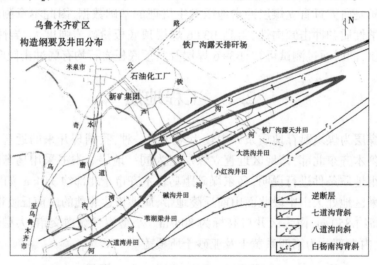

图 2-2　乌鲁木齐矿区构造纲要

2.2.2 开采煤层及顶底板

　　乌东煤矿位于乌鲁木齐矿区八道湾向斜南北两翼,北翼为北采区,地层倾角为 45°;南翼为南采区,为大洪沟和小红沟合并井田,属于向南倾斜的单斜构造,地层倾角约为 87°,如图 2-3 所示。现开采 B1+2 和 B3+6 两组煤。B1+2 煤层平均厚度约为 37 m,其直接顶为泥岩,厚度为 1~3 m,可随着采动后期垮落;基本顶为粉砂岩,岩层厚度较大,不随采动垮落;直接底为炭质泥岩,厚度为 0.5~2.0 m,可随着采动后期垮落;基本底为粉砂岩。B3+6 煤层直接顶为灰质泥岩,厚度为 1.5~2.1 m,微细粒粒状结构,块状构造,颜色为深灰色,遇水松动,可随采动后期垮落;基本顶为粉砂岩,岩层厚度为 24.49 m,岩性坚硬稳定,不随采动垮落;直接底为炭质泥岩,平均厚度为 1.35 m,可随着采动后期垮落;基本底为细砂岩。由此可知,所采两组煤层基本顶底板均为粉砂岩,由于地层倾角 87°接近直立,因此基本顶底板岩层不随采用而垮落,存在层间滑移情况,综合地层图如图 2-4 所示。两组煤中间为厚 53~110 m 的岩层,由东向西逐渐变薄,主要为坚硬粉砂岩层,并夹有薄层泥岩和煤层。

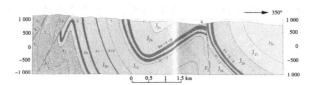

图 2-3　乌鲁木齐矿区构造剖面图

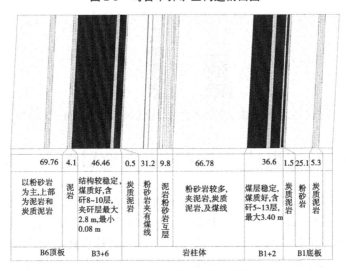

69.76	4.1	46.46	0.5	31.2	9.8	66.78	36.6	1.5	25.1	5.3
以粉砂岩为主,上部为泥岩和炭质泥岩	泥岩	结构较稳定,煤质好,含矸8~10层,夹矸层最大2.8 m,最小0.08 m	炭质泥岩	粉砂岩夹有煤线	泥岩粉砂岩互层	粉砂岩较多,夹泥岩,炭质泥岩,及煤线	煤层稳定,煤质好,含矸5~13层,最大3.40 m	炭质泥岩	粉砂岩	炭质泥岩
B6顶板		B3+6				岩柱体	B1+2		B1底板	

图 2-4　南采区煤层综合柱状图

2.2.3　开采概况

乌东煤矿南采区现两组煤同时开采,煤层开采水平为+475 m,水平采深约为 375 m,B1+2 工作面稍滞后 B3+6 工作面,如图 2-5 所示。采用水平分层放顶煤开采工艺,每层分段高度为 25 m,其中割煤厚度为 3 m,放煤高度为 22 m,属于大采放比放顶煤回采(国家煤矿安全监察局已批复)。本分段上部采空区用黄土进行回填。两煤层组工作面长度均为 2 520 m,从分层主石门开始为 0 m 向东至开切巷处 2 520 m。回采本分层同时掘进下分层准备巷道。回采巷道布置在煤层中沿岩层掘进,与岩层之间留有厚度为 1~3 m 的护帮煤,时有揭露岩层的情况。

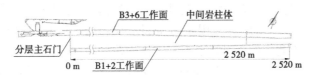

图 2-5　乌东煤矿南采区采掘平面图

2.2.4　上覆采空区遗留煤柱分布

乌东煤矿南采区由于历史原因,在+500 m 开采水平以上采空区,遗留原小煤窑边界煤柱或隔离煤柱,在 B3+6 采空区和 B1+2 采空区遗留煤柱有五一煤矿边界煤柱、大梁煤矿煤柱、大洪沟和小红沟边界煤柱,以及防洪渠煤柱,如图 2-6 所示。这些煤柱对于矿压显现影响较大。

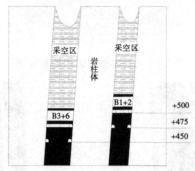

图 2-6　乌东煤矿南采区急斜特厚煤层组赋存及分段开采示意图

2.3　乌东煤矿南采区近直立地层地应力测试

近直立或急倾斜煤层往往形成于特殊的地质构造运动,该矿近直立地层的形成与侏罗纪后期的燕山运动和喜马拉雅造山运动相关,天山的强烈隆起使得天山北麓地层受到强烈挤压作用,形成了大的断裂和褶曲[127],因而其区域地质构造应力也具有特殊性,并与构造运动有着紧密的联系。该矿在开采浅部埋深仅有 350 m 的情况下,即发生具有破坏性的冲击地压等动力现象,必然与其特殊的地质构造和应力分布有一定的关系。为了了解乌东煤矿南采区近直立地层地应力大小和其分布规律,采用地质构造运动分析和现场实地测试相结合的方法进行地应力测试分析。

2.3.1　测试方法

地应力在地层中的分布规律较为复杂,其影响因素很多,因此不能用函数或表达式描述其分布,现阶段最好的方法是采用实地测试方法。地应力测量方法种类繁多,国际岩石力学学会推荐了扁千斤顶法、水压致裂法、USBM 型钻孔孔径变形计法及 CSIRO 型空心包体应变计法,均为地应力测试建议方法[128]。现阶段在我国使用较为广泛的是应力解除法和水压致裂法。如蔡美峰等[129-130]采用空心包体应力解除法对玲珑金矿、金川二矿、大同矿区及平煤十矿进行了地应力测量,改进了测试的精度,并对该方法在超深矿井的测量得到了广泛的改善;康红普等[131]采用水力压裂法在晋城矿区和汾西矿区进行了地应力测量,并研究了地应力测量的分布特征与其区域构造的关系,将分析的结果用于巷道布置和支护设计中;王连国等[132]采用空心包体应力解除法对霍州矿区地应力进行测试,FLAC3D 数值模拟研究巷道围岩应力分布。

因此,本书采用区域构造运动分析和现场实地测试相结合的方法,对乌东矿区近直立地层地应力场进行测试分析。实地测试采用空心包体应力解除法进行地应力测试。

2.3.2　矿区构造特征及地应力分析

矿区位于天山北麓,由于天山整体向北挤压,在天山北形成一系列大的断裂和褶曲,其构造体系走向为近东西向,见图 2-7 的中 14 古牧地背斜、15 七道湾背斜和 16 三工河背斜及该矿区的八道湾向斜,整体构造应力呈南北向。

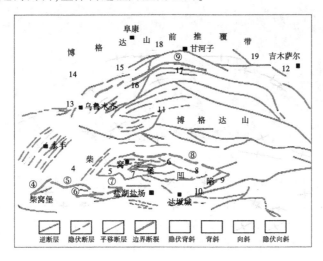

图 2-7　准噶尔盆地南缘构造纲要

八道湾向斜和七道湾背斜为相邻褶曲构造,两者轴部走向,轴向为东部 70°～75°,向西渐转为 65°～75°。乌东煤矿位于八道湾向斜两翼,因此该矿地应力主要受八道湾向斜和七道湾背斜控制。乌东煤矿南采区位于八道湾向斜南翼,处于天山北侧西部向东西转换的弧形构造带,北部相邻碗窑沟逆断层(F_2),南部相邻东山逆断层(F_3),如矿区构造纲要图 2-2 所示。燕山运动和后期的喜马拉雅运动使北天山发生强烈块断隆升,博格达山峰的抬升造成天山南北两侧的挤压作用,由于古生界地层的推覆与挤压,说明区内现代构造应力场是以水平挤压为主。乌东煤矿南采区即位于天山山脉博格达山北麓弧形挤压带,属于山前二级构造的次级构造,区域内的主要构造体系呈现北东方向,由于褶皱是受博格达山峰隆起挤压形成的,因此其主要水平应力方向应和褶皱轴向垂直,从构造运动和构造走向可以推断出,乌东煤矿南采区水平主应力方向应是 N20°W～N30°W。

2.3.3　近直立地层地应力现场测试

现场采用空心包体应力解除法进行地应力测量。空心包体应力解除法主要原理是从原岩体中取出的岩芯改变其原始的应力状态,从而引起相应应变,并通过监测岩芯解除应力过程中的应变,进而通过计算间接测量应力。

在空心包体应力解除测试中,影响因素较多,测点的布置、钻孔的质量、包体的安装及解除等都会对应力测试结果产生影响。井下测试地点一般布置在硐室或巷道的帮部,同时避免选择在煤柱、硐室群和开采扰动区域,以及构造复杂区域。围岩要求是完整稳定裂隙不发育的围岩体。孔深达到巷道宽度的 3~5 倍;钻孔需要有 2°~5° 的仰角,以便排水。包体的安装是测试成功的关键,为了保证安装质量,本次测试首先采用窥视仪对钻孔和为围岩质量进行检查。可视化空心包体安装如图 2-8 所示,塑料软管作为导向通道,将钻孔窥视仪摄像镜头送入大孔孔底,实时查看包体安装情况,克服以往包体安装时的"暗箱"操作,避免包体不能准确插入小孔盲目推进,导致包体损坏使安装不成功。

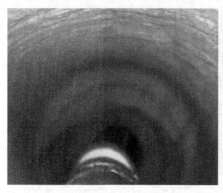

图 2-8　空心包体可视化安装

　　同时包体安装过程要做到精细化操作,将大孔、小孔深度测量精确到毫米,将安装不可控因素降到最低,以保证安装测试的成功,这也是得到更准确测试成果的前提。

　　根据以上测点选择的要求并结合乌东煤矿南采区的实际生产情况,确定地应力测点的位置。在南采区+475 m 水平和+450 m 水平主石门各布置两个测点。

2.3.4　测量结果

　　解除岩芯的根本目的是得到岩芯在解除后的应变,并结合岩芯围压率定试验所得的物理力学参数,从而计算出应力大小和方向。岩芯解除过程中,采用精度为 0.1% 的KBJ-16 型智能数字应变仪进行数据采集,记录各应变片的变化规律,绘制出典型的应力解除曲线如图 2-9 所示。

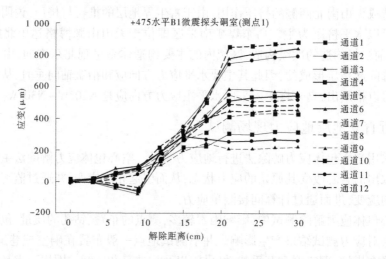

图 2-9　典型应力解除过程曲线

　　根据现场测得的 4 个应力解除曲线及围压率定的结果,经过专门的计算机软件计算出各个测点地应力的分量及地应力的大小和方向(见表 2-1)。

表 2-1　地应力主应力测量结果

编号	埋深（m）	σ_H			σ_h			σ_v		
		大小（MPa）	方向（°）	倾角（°）	大小（MPa）	方向（°）	倾角（°）	大小（MPa）	方向（°）	倾角（°）
1#	375	15.19	158.02	15.56	10.38	70.43	8.57	8.68	188.30	72.13
2#	375	14.10	157.31	7.78	9.62	69.17	−7.78	8.39	189.42	74.82
3#	400	15.77	158.51	15.92	10.21	76.01	15.01	9.27	192.99	69.43
4#	400	15.43	160.50	13.59	11.27	76.27	8.63	9.49	178.77	65.03

2.3.5　地应力分布特征及与巷道的关系

根据+450 m 水平和+475 m 水平巷道地应力测量的结果,分析结果如下:

(1)最大水平主应力 σ_H 为 15.12 MPa,与水平面平均夹角为 13.21°;最小水平主应力 σ_h 为 10.37 MPa,与水平面夹角约为 10°;垂直主应力 σ_v 为 8.96 MPa。其地应力场属于 $\sigma_H>\sigma_h>\sigma_v$ 型,两水平主应力均大于垂直主应力,其中最大水平主应力约为垂直主应力的 1.9 倍,最小水平主应力约为垂直主应力的 1.26 倍。可见该区域地应力以水平构造应力为主。

(2)各测点的最大水平主应力方位角处在 157.31°~160.50(见图 2-10),两个水平的方位角的分布较集中,平均走向为 158.6°,整体呈 NW~SE 向。实测的最大水平主应力方向总体在 NW21.4°,整体为近南北向挤压应力,与该矿区地质构造力学特性相吻合。

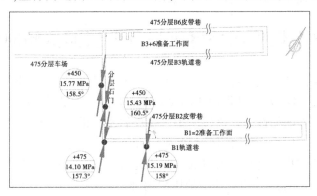

图 2-10　乌东煤矿南采区实测地应力分布

根据以上矿区构造分析和地应力现场测试,得到了乌东煤矿区地应力成果,验证了测试分析的有效性和真实性。得出乌东煤矿南采区地应力分布和巷道布置之间的关系。可知该矿区实测最大主应力方向与工作面回采巷道夹角为 82°,对巷道及开采空间围岩稳定性极为不利,并且由于煤层赋存特征使得回采巷道的布置不具有其他选择性,因此受水平构造应力影响,+475 m 水平回采巷道在锚网索 U 钢支护形式下出现大变形,也说明了巷道难以维护的实际情况。因此,建议采用新型大变形控制支护方式,结合有效的抗暴防冲的新型支护技术,同时采用合理的卸压措施,以减小巷道变形破坏,保障安全生产。

2.4　乌东煤矿南采区围岩及煤层物理力学性质

针对乌东煤矿 B3+6 煤层及其围岩冲击动力现象多发的情况,煤岩物理力学性质是煤层及围岩力学行为的内在原因,因此有必要对其物理力学性质进行测试分析,研究 B3+6 煤层及其围岩单轴三轴力学性质等参数。取样地点为乌东煤矿南采区 +475 m 水平 B3+6 煤层及其顶底板,其煤岩测试结果如表 2-2 所示。

表 2-2　B3+6 煤层及其顶底板煤岩物理力学参数

层位	岩性	视密度（kg/m³）	抗压强度（MPa）	抗拉强度（MPa）	弹性模量（GPa）	泊松比	黏聚力（MPa）
B6 基本顶	砂岩	2 813	82.37	5.78	26.92	0.28	7.01
B6 直接顶	泥岩	2 476	33.01	2.17	15.87	0.24	2.91
B3+6 煤层	煤	1 336	12.38	1.21	2.12	0.21	2.42
B3 基本底	砂岩	2 724	75.08	4.74	25.38	0.30	5.89
B3 直接底	泥岩	2 509	37.52	1.99	13.43	0.25	3.26

根据测试结果可知,B3+6 煤层基本顶底板粉砂岩均具有良好的物理力学性质,其单轴抗压强度和抗拉强度均较大,根据岩石硬度分类标准为坚硬岩石。

2.5　乌东煤矿南采区围岩及煤层冲击倾向性研究

煤岩体冲击倾向性是决定冲击地压发生的一个重要内在因素。根据大量冲击地压现场和室内试验研究表明,发生冲击地压的煤岩层具有储存大量弹性能,并且在一定条件下突然释放存储的弹性能的性质。该性质主要受煤岩本身的物理力学性质等因素控制,概括起来主要与岩石的应力应变、破坏时间、强度和刚度等因素有关[133]。相关研究学者们围绕冲击地压的预测指标进行了大量的试验研究,提出多种判定煤岩体的冲击倾向性指标[134]。根据我国煤炭行业标准《冲击地压测定、监测与防治方法 第 1 部分:顶板岩层冲击倾向性分类及指数的测定方法》(GB/T 25217.1—2010)[135](简称《测定方法》)中所述,煤的冲击倾向性共有 4 个指标,分别为弹性能量指数、冲击能量指数、动态破坏时间和单轴抗压强度。首先分别测试出各个指标的数值;然后对各指标数值和标准值进行对比,判断各指标冲击倾向性;最后通过综合评判,得到煤层冲击倾向性。

2.5.1　煤的冲击倾向性参考标准

根据煤的冲击倾向性的强弱,《测定方法》中测定的 4 个指标按其数值的大小分 3 类,如表 2-3 所示。

表 2-3　煤的冲击倾向性分类、名称及指标

类别		Ⅰ类	Ⅱ类	Ⅲ类
冲击倾向		无	弱	强
指数	动态破坏时间 DT(ms)	$DT > 500$	$50 < DT \leqslant 500$	$DT \leqslant 50$
	弹性能量指数 W_{ET}	$W_{ET} < 2$	$2 \leqslant W_{ET} < 5$	$W_{ET} \geqslant 5$
	冲击能量指数 K_E	$K_E < 1.5$	$1.5 \leqslant K_E < 5$	$K_E \geqslant 5$
	单轴抗压强度 R_c(MPa)	$R_c < 7$	$7 \leqslant R_c < 14$	$R_c \geqslant 14$

2.5.2　B3+6 煤层冲击倾向性测定结果

从现场取回的 B3+6 煤试样,采用切割机、磨平机并组织实验室专门人员进行打磨加工,煤试样的规格为 $\Phi50 \times 100$ mm,保证试样加工误差在允许范围内。根据单轴抗压强度的测定标准的要求,在实验室的试验人员按照标准要求进行试验,保证每次试验精度达到标准要求,对上述 4 个指标进行测定。将煤科总院北京开采研究所岩石力学实验室所测结果整理成表格,如表 2-4 所示。

表 2-4　B3+6 煤层冲击倾向性测定结果

编号	样别	动态破坏时间 DT(ms)	冲击能量指数 K_E	弹性能量指数 W_{ET}	单轴抗压强度 R_c	取样地点
1	1	140	2.08	5.86	11.87	+501 水平煤层中部 B3+6 煤层(原大洪沟井田范围)
	2	83	2.17	8.63	25.53	
	3	46	3.59	1.80	8.34	
	4	211	1.79	2.76	—	
	5	116	5.10	3.69	—	
	平均值	119	2.95	4.55	15.25	
	判定结果	弱	弱	弱	强	
2	1	11	1.50	3.48	16.17	+545 水平 B3、B5 煤层
	2	79	2.30	4.74	22.74	
	3	53	3.17	2.82	19.70	
	4	67	1.53	5.15	18.53	
	5	82	2.13	2.64	21.63	
	平均值	58	2.13	3.77	19.75	
	判定结果	弱	弱	弱	强	

续表 2-4

编号	样别	动态破坏时间 DT(ms)	冲击能量指数 K_E	弹性能量指数 W_{ET}	单轴抗压强度 R_c	取样地点
3	1	177	1.8	2.37	8.34	+545 水平 B6 煤层
	2	297	1.1	1.86	16.93	
	3	350	0.78	0.38	12.63	
	4	264	2.17	1.83	10.47	
	5	185	1.66	1.53	14.82	
	平均值	254	1.46	1.59	12.64	
	判定结果	弱	弱	弱	弱	
4	1	527	0.42	7.82	6.32	+400 水平 B3、B5 煤层
	2	523	1.5	2.84	7.07	
	3	91	1.4	4.95	2.53	
	4	389	0.5	3.93	9.46	
	5	425	0.7	3.64	3.65	
	平均值	391	0.9	4.64	5.81	
	判定结果	弱	弱	弱	弱	
5	1	35	2.28	3.18	32.84	+400 水平 B6 煤层
	2	21	1.68	2.64	23.75	
	3	14	2.85	4.75	30.57	
	4	37	2.48	2.73	25.76	
	5	58	1.96	4.85	33.84	
	平均值	33	2.25	3.63	29.35	
	判定结果	弱	弱	弱	强	

对乌东煤矿南采区三个开采水平不同地点及 B3+6 煤层煤样进行冲击倾向性测试，根据 5 组测试结果可知，其弹性能量指数 W_{ET}、冲击能量指数 K_E、动态破坏时间 DT 均为弱冲击倾向性，而有 3 组试样单轴抗压强度 UCS 为强冲击倾向性。由《测定方法》中各指标范围可知，B3+6 煤层冲击倾向性应该为弱冲击倾向性，但是鉴于《测定方法》中分类指标仅 3 个程度类别，划分范围较为宽泛，且除单轴抗压强度较大，表现为强冲击倾向性外，其余指标部分数值也较接近强的范围，因此保守判定该煤层冲击倾向性实际为弱偏强。

2.5.3 顶底板砂岩冲击倾向性研究

乌东煤矿南采区冲击地压多发生在 B3+6 煤层回采巷道内，B6 巷道和 B3 巷道均有发生,两巷道基本沿煤层顶底板岩层掘进,煤层顶底板砂岩冲击倾向性是研究该矿冲击地压发生机理的基础资料。

根据《测定方法》,顶底板岩层冲击倾向性是依据岩石的弯曲能量指数判定的,岩石上部载荷以及弯曲能量指数的计算方法,均是对近水平和缓倾斜煤层而言的,因此该方法主要适用于近水平和缓倾斜煤层。对于煤矿井巷或工作面附近煤体或围岩动力破坏现象,在煤矿中常称之为冲击地压,而在隧道或者其他岩石工程中将之称为岩爆现象。两者均是动力破坏现象,其发生的原因均是在高应力条件下,工程介质中储存的大量应变能在开挖临空面时突然释放造成动力冲击,因此对于近直立煤层顶底板岩层倾向性的研究,可以借鉴岩爆冲击倾向性的指标进行冲击动力破坏倾向性的研究。

对于岩爆倾向性测试方法和岩爆预测,相关学者做了大量的研究,取得了丰硕成果。Kidybinski A[136]提出将岩石单轴压缩下的弹性能量指标和能量冲击性能指标作为岩爆倾向性的评价依据。岩石弹性能量指标为单轴循环载荷压缩时,弹性应变能和塑性应变能指标比。冲击能量指标为单轴压缩下峰值前后应力应变曲线下的面积之比,这一指标和煤的冲击倾向性评价中弹性能量指数和冲击能量指数为同一个概念。

李庶林等[137]采用脆性系数、动态破坏时间和应变能存储等指标研究了凡口铅锌矿深部硬岩岩爆倾向性。张镜剑等[138]总结了常用的岩爆判据和预测方法,如拉森斯 Russense 岩爆判别法、E Hoek 方法和修改后的谷-陶岩爆判据等,并在综合已有资料的基础上对岩爆判据、分级及防治等提出意见和建议。

本书结合乌东煤矿的实际情况,采用脆性系数、弹性能量指数和其他相关判定指标对其采掘空间围岩的动力破坏倾向性进行研究。

2.5.3.1　强度脆性系数

脆性系数是较早被采用预测岩爆冲击倾向性的方法,根据不同的脆性系数定义方法,可分为强度脆性系数和变形脆性系数,本书采用强度脆性系数作为研究指标。该方法是采用岩石单轴抗压强度值 R_c 和抗拉强度 R_t 之比作为评价指标,其表达式为

$$R = R_c/R_t \tag{2-1}$$

一般而言,脆性系数 R 越大,发生岩爆的可能性越大,其判别准则为

$$\left.\begin{array}{ll} R < 10 & \text{无岩爆} \\ 10 \leqslant R < 18 & \text{中等岩爆} \\ R \geqslant 18 & \text{强烈岩爆} \end{array}\right\} \tag{2-2}$$

根据 B6 顶板砂岩和 B3 煤层底板砂岩性质测试;抗拉强度分别为 5.87 MPa 和 4.74 MPa,其单轴抗压强度为 82.37 MPa 和 75.08 MPa,可得两层粉砂岩强度脆性系数分别为 14.25 和 15.84,因此根据强度脆性系数判别,两层粉砂岩均为中等岩爆倾向性。

2.5.3.2　岩石弹性能量指数

Kidbinski 于 1981 年提出了利用岩石弹性能量指数划分岩爆倾向性强弱标准,当时主要是针对煤矿提出的。其指数测试方法和计算公式与上述煤的弹性能量指数测试方法相同,均采用单轴峰值前加卸载循环压缩方法进行测试,弹性能量与塑性能量之比值为岩石弹性能量指数,判别准则为

$$
\left.\begin{array}{ll}
W_{ET} < 2 & 无岩爆 \\
2 \leqslant W_{ET} < 5 & 中等岩爆 \\
W_{ET} \geqslant 5 & 强烈岩爆
\end{array}\right\} \qquad (2\text{-}3)
$$

采用标准岩石试样在深部岩土力学国家重点实验室(北京)进行测试,整理得到 B3 底板粉砂岩弹性能量指数如表 2-5 所示。

表 2-5　B3+6 煤层顶底板粉砂岩弹性能量指数

岩层	弹性能(J)	塑性能(J)	弹性能量指数	岩爆倾向性
B6 顶板 粉砂岩	4.914	1.64	2.99	中等
B3 底板 粉砂岩	5.374	2.11	2.54	中等

根据上述岩爆判定方法,评价的结果较为一致,均为中等岩爆倾向性,可见 B3+6 煤层顶底板砂岩具有中等冲击破坏倾向性

2.5.3.3　修改后的谷-陶岩爆判据

谷明成[139]对秦岭隧道坚硬片麻岩岩爆倾向性进行研究,提出切向应力 $\sigma_\theta \geqslant 0.3R_c$ 为高岩爆倾向性,被认为条件偏高。陶振宇提出满足 $R_c/\sigma_1 \leqslant 14.5$ 即可能发生岩爆,被认为条件偏低,该判别式为最大主应力和单轴强度的比值,最大主应力和单轴抗压强度值相对容易得到,避免了其他判别准则中切向应力和径向应力的求解,以及坐标的转换问题。国内学者对岩爆时最大主应力和单轴抗压强度的关系统计研究表明[140]:最大主应力 σ_1 是单轴抗压强度 R_c 的 15%~20% 时,岩爆易发生。为避免上述两岩爆条件偏高或偏低的情况,结合岩爆统计研究结果,修改后的谷-陶岩爆判据为

$$
\left.\begin{array}{ll}
\sigma_1 < 0.15R_c & (力学要求) \\
R_c \geqslant 15R_t & (脆性要求) \\
K_v \geqslant 0.55 & (完整性要求) \\
W_{ET} \geqslant 2.0 & (储能要求)
\end{array}\right\} \qquad (2\text{-}4)
$$

根据修改后的岩爆判据,建议的岩爆分级如表 2-6 所示,该岩爆分级以最大主应力与岩石单轴压缩强度之间的关系而确定。

表 2-6　修改后的岩爆分级

岩爆分级	判别式	说明
I	$\sigma_1 < 0.15R_c$	无岩爆发生
II	$0.15 \leqslant \sigma_1 < 0.2R_c$	低岩爆活动
III	$0.2 \leqslant \sigma_1 < 0.4R_c$	中等岩爆活动
IV	$\sigma_1 \geqslant 0.4R_c$	高岩爆活动

该矿南采区为直立地层,且同时开出两组特厚煤层,两煤层组采空后中间地层形成约 350 m 高耸的岩柱体,且存在约 3°的倾角,其在开采水平形成的弯曲力矩作用,使得开采

水平应力影响具有放大作用,因此在岩柱体底部开采空间围岩应力大于实测地应力,仅凭实测地应力进行岩爆等级评价有失准确性,因此采用数值模拟的方法建立较大范围地质模型在其边界施加原始地应力,进而得到受岩柱体弯曲力矩作用影响后在开采空间围岩形成的应力,采用 FLAC3D 根据南采区现场的实际情况,进行地质建模和数值计算,其边界条件根据现场地应力测试结果进行加载,计算得到模型 XX 方向(与实际水平最大主应力 σ_1 方向基本一致)应力约为 32.5 MPa,其单轴抗压强度为 82.37 MPa。对模型 XX 方向应力进行角度换算后得到水平最大主应力,并由此可得水平最大主应力和岩石单轴压缩应力之比为 0.39,根据修改后的岩爆判据分级,可知该岩层具有中等岩爆活动等级。

2.6　本章小结

本章对乌东煤矿南采区近直立煤层地质条件和工程概况进行了论述和分析,着重介绍了近直立煤层产状、区域地质构造,分析了矿井地应力分布特征,并对所研究煤层及其顶底板岩石的物理力学性质和冲击倾向性进行测试分析。得到如下结论:

(1)采用空心包体应力解除法对+475 水平现场地应力进行实测研究,其最大水平主应力 σ_H 约为 15.19 MPa,最小水平主应力 σ_h 约为 10.38 MPa,垂直主应力 σ_v 约为 8.18 MPa,最大水平主应力是垂直主应力的 1.9 倍。可见,该矿+475 水平附近地应力场属于 $\sigma_H > \sigma_h > \sigma_v$ 型,区域地应力以水平构造应力为主。

(2)实测最大水平主应力方向为 NW21.4°,其方向与开采煤层和回采巷道走向夹角约为 82°。水平最大主应力为近南北向挤压,与工作面走向接近 90°,对回采巷道围岩、两煤层组采空区顶底板和中间岩柱体的稳定性影响极为不利。

(3)测定+500 水平 B3+6 煤层及其顶底板岩层的物理力学性质,得到了其物理力学参数。测试参数表明,B3+6 煤层强度较大,泥岩强度低,其顶底板粉砂岩致密性好,强度大,达到 80 MPa 左右,为坚硬岩石。

(4)对乌东煤矿南采区三个开采水平不同地点的 B3+6 煤层煤样进行冲击倾向性测试,得到其动态破坏时间 DT、冲击能量指数 K_E、弹性能量指数 W_{ET} 均为弱冲击倾向性,部分试样单轴抗压强度 UCS 为强冲击倾向性,根据《测定方法》中指标进行判定,该煤层冲击倾向性应为弱冲击倾向性。

(5)采用脆性系数、弹性能量指数和修改后的谷－陶岩爆为判定指标对 B3+6 煤层顶底板岩层粉砂岩动力冲击性进行研究,顶底板岩层强度脆性系数分别为 14.06 和 17.24,弹性能量指数分别为 3.73 和 4.02,冲击能量测试曲线为脆性破坏,因此判定 B3+6 煤层顶底板岩层粉砂岩具有中等动力冲击倾向性。

第 3 章　近直立煤层冲击地压诱因及冲击类型分析

对乌东煤矿南采区冲击地压现象进行研究,着重分析了三次典型的冲击地压显现情况,以及对巷道造成的破坏程度,分析了典型冲击地压的特征和发生的影响因素。利用FLAC3D 建立数值模型,采用数值模拟方法分析了煤层组开采后在开采空间周围岩体中应力的聚集和分布情况,以及对冲击地压的影响,并分析了应力集中聚集的原因,同时还研究了有无煤柱以及煤柱赋存状态对应力分布和冲击地压的影响。通过现场调研结合数值模拟,揭示了近直立煤层组冲击发生的两种类型,即坚硬顶板高应力型冲击地压和中间岩柱体力矩冲击地压,并从能量观点和力学分析方面对其加以说明。

3.1　近直立煤层组冲击地压特征

乌东煤矿区近直立煤层地质条件基本相同,其冲击地压发生的特征也较为相似,因此根据乌东煤矿南采区冲击地压发生的特点,分析总结近直立煤层组冲击地压发生的特征。乌东煤矿南采区近直立煤层开采期间,埋深在 300 m 以浅阶段开采围岩压力较小,未发生过冲击动力显现现象,自 +500 m 水平开始有明显冲击动力现象。+500 m 和 +475 m 两水平回采过程中共发生 4 起较大冲击地压事件和一些轻微动力显现现象,现将几次典型的动力事件现象进行分析,研究其发生的地质条件和开采条件、影响因素,以及冲击地压破坏特征。

3.1.1　典型冲击事件

3.1.1.1　乌东煤矿南采区“2·27”冲击地压

1. 冲击地压破坏情况

2013 年 2 月 27 日,+500 m 水平(埋深为 350 m)B3+6 综采工作面发生 1 起冲击地压,造成从 1 959 m(工作面)向东至 1 750 m 段,长度为 210 m 的 B3、B6 巷道出现严重破坏。“2·27”冲击地压平面位置图如图 3-1 所示。巷道最大变形:B3 巷底鼓量约为 20 cm,顶板下沉量 30 cm,部分地段南帮底角有宽 4~5 cm 沟槽;B6 巷底板抬高 30~60 cm,顶板下沉量 40~50 cm,两帮位移 50~60 cm。

由现场破坏情况调研可知,该次冲击地压 B6 巷道破坏更为严重,而 B3 巷道破坏范围更大。

2. “2·27”冲击地压诱因分析

发生冲击地压的地点为 +500 m 水平工作面 1 959 m 处,工作面刚推进 15 m 左右的位置。该处开采深度达到 350 m,由于 B3+6 煤层基本顶底板为坚硬完整砂岩,且地层倾角为近直立,当煤层采出以后,B6 煤层顶板并没有随着煤炭的开采而垮落,而是形成 350

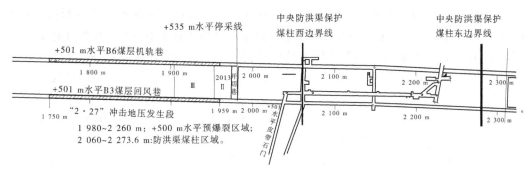

图 3-1　"2·27"冲击地压平面位置图

m 高的悬顶,即形成 350 m 高的岩墙,是造成 B3+6 煤层应力集中的关键。

工作面回采后,在开切巷以西本分段 25 m 段高和 +535 m 水平的遗留煤层,共有 60 m 煤柱,在距离开切巷以西 90 m 处 +535 m 水平以上至地面遗留有约 200 m 宽的防洪渠煤柱。煤柱开采过程中大大增加了 B6 顶板砂岩和中间岩柱体及采空区两侧水平方向的不平衡力,直接导致中间岩柱体在开采水平附近形成弯曲效应,在煤岩层中聚集巨大的弹性能。同时开采扰动和开挖后形成的空间为冲击地压显现的突破口,最终导致冲击地压的发生。

3.1.1.2　煤矿乌东南采区"7·2"冲击地压

1. 冲击破坏现象

2013 年 7 月 2 日,+500 m 水平 B3+6 工作面发生一起冲击地压事件,造成 1 070~1 450 m 段 +500 m 水平 B3 巷严重破坏,底鼓量 200~450 mm;靠近 B3 煤层底板一侧巷道帮部变形量达到 100~300 mm,煤体侧帮部变形 100~200 mm,U 形钢变形 400 mm。"7·2"冲击地压平面位置图如图 3-2 所示。

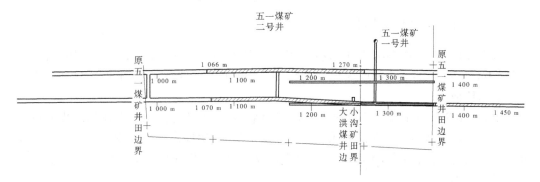

图 3-2　"7·2"冲击地压平面位置图

+500 m 水平 B6 巷破坏范围为 1 066~1 272 m 段,其中 1 066~1 100 m 范围巷道破坏最为严重,煤体侧巷帮变形达到 500~900 mm,底鼓量 200~500 mm。

该次冲击地压同时波及下一水平已掘进巷道。+475 m 水平 B6 巷冲击地压显现影响范围为 1 080~1 203 m,该范围内巷道南帮底鼓,底鼓量 150~300 mm,南帮出现不同程度的变形,变形量最大达到 300 mm。此事件未造成人员伤亡。

2. "7·2"冲击地压诱因分析

+500 m 水平为回采水平,其下一水平+475 m 水平 B6 巷为准备巷道,刚好掘进到 1 200 m 位置,该位置已进入到五一煤矿仓储式采空区内煤柱影响区域,B6 掘进迎头前方超前支承压力和 B6 顶板砂岩弯曲应力叠加,同时与上方+500 m 水平 B3+6 煤层内已经集中的应力叠加,达到了冲击地压发生的应力临界条件,从而诱发了冲击地压显现。

3. "3·13"冲击地压

2015 年 3 月 13 日+475 m 水平(埋深为 375 m)B3+6 工作面端头 1 995 m 处向东 1 920 m 及 B3 巷发生一起冲击地压事件,微震能量为 5×10^6 J,冲击事件造成从工作面煤壁向东 75 m 的 B3 巷道出现大变形损毁现象。巷道两肩下沉量 300 mm,U 形钢棚收缩量 200 mm。+475 m B3+6 综采面煤壁出现片帮,片帮量 20~30 cm;工作面南端头 1#、2# 液压支架立柱弯曲。根据分析,该次强矿压显现的直接原因为地震(2015.3.13 07:41,3.0 级)。"3·13"冲击地压平面位置图见图 3-3。根本原因为中间岩柱体在煤柱的作用下产生弯曲变形,在其底部聚集大量弯曲弹性能,围岩处于高能量状态,受到扰动后发生冲击地压。

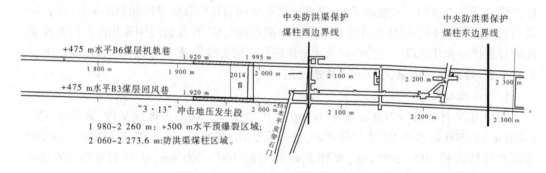

图 3-3 "3·13"冲击地压平面位置图

3.1.2 冲击地压显现特征

分析近直立煤层组多次动力显现现象发生的地点、地质环境、开采条件和动力破坏现象(见图 3-4)可知,在近直立特厚煤层组两组煤同时开出的条件下,其冲击地压显现具有以下明显的特征:

(1)冲击矿压发生和破坏的地点主要在回采巷道,破坏范围大。上述乌东煤矿南采区三次典型冲击地压均是在回采或掘进期间发生的,三次冲击地压显现范围从回采工作面向回采巷道延伸,回采工作面的矿压显现也仅表现在工作面端头支架的损毁,对整个工作面影响并不严重。

(2)冲击动力显现造成的回采巷道破坏影响范围大。大多数矿井巷道冲击地压影响范围为几十米,乌东煤矿南采区三次典型冲击地压矿压显现范围大,分别达到或接近 200 m、400 m 和 75 m。"7·2"冲击地压同时还造成了下一分段 120 m 掘进巷道的破坏。

(3)巷道破坏形式有所不同。"2·27"冲击地压和"7·2"冲击地压均造成了 B6 巷和 B3 巷道损坏。对比两巷道损毁程度可知,B6 巷道破坏程度如巷道帮部变形、支架损毁情况和底部量,均比 B3 巷道严重,但 B3 巷道破坏范围更大。另外,B6 巷道两帮均有严重损毁,其两帮破坏程度大体相当。包括"3·13"冲击地压在内,由 B3 巷道现场冲击痕迹

图 3-4　冲击地压显现

可知,其冲击动力现象具有明显的方向性,多表现为由南向北冲击,即由 B3 底板岩层一侧向巷道内冲击。

(4)在埋深不大的情况下发生动压现象,动力现象随开采深度增大而更为严重。一般情况下大部分冲击地压发生在采深 500 m 及其以下开采空间,乌东煤矿南采区开采至 +525 m 水平后,埋深仅为 325 m 左右即开始有明显动力现象发生,埋深 350 m 发生多次破坏性冲击动力事件,表现为浅部开采冲击动力现象。

开采水平在 +545 m 水平(埋深约 300 m)以上时,矿压显现仅表现为巷道缓慢大变形现象,巷道围岩难以维护;表现为煤炮岩炮增多,巷道围岩变形量大,且变形较快,尤其在回采期间发生锚杆拉断或托盘崩落现象;在 +522 m 水平时动力现象有所增加,表现为巷道变形快、变形量大,煤炮震感较强,较大煤炮引起巷道顶板煤屑掉落,同时较大能量使煤炮频次增多,在回采和掘进期间煤炮明显增加,围岩能量释放更加频繁和剧烈,有时伴有围岩的弹射现象;+500 m 水平埋深约为 350 m 时动力现象较多,且发展为具有破坏性动力事件,造成巷道突然底鼓、顶沉、U 形钢等支护体破坏现象,如"2·27"冲击地压事件和"7·2"冲击地压事件;由于 +500 m 水平开始实施冲击地压治理措施,+475 m 水平动力显现有所减少,但仍发生了"3·13"动力冲击事件,造成支架巷道等设备损毁。由此可见,在浅部 +545 m 水平和 +522 m 水平回采时,其动力现象显现较弱,破坏性较小,而回采深度至 +500 m 水平时,发生三次较大动力显现现象,并导致巷道严重破坏,从埋深 300~350 m,每延伸一个开采水平,冲击动力现象随之加重。由此可以预见,若不采取有效的治理和防控措施,随着开采深度的增大,应力水平逐渐增大,冲击动力显现将更加频繁,同时更加具有破坏性。

(5)较大能量冲击发生地点多为采空区遗留煤柱下方。2013年2月27日和7月2日及其他几次轻微冲击显现,其发生地点均为+500 m水平B3+6煤层上覆采空区遗留煤柱附近,2015年3月13日冲击地点上部为防洪渠煤柱。根据煤科总院采用波兰ARAMIS微震系统监测到的数据对微震事件进行统计分析,从2013年8月至2014年4月8个月内共监测到30次能量大于$1×10^7$J的微震事件,其中有26次分布在五一煤矿遗留和大梁煤矿遗留煤柱区域,即有接近90%的大能量微震事件发生在遗留煤柱影响区域。乌东煤矿南采区在B3+6采空区和B1+2采空区遗留煤柱有五一煤矿边界煤柱、大梁煤矿煤柱、大洪沟和小红沟边界煤柱,以及防洪渠煤柱。从现场微震监测情况来看,在这些边界煤柱附近回采时,微震事件和微震能量明显增多。

3.1.3 近直立煤层组主要影响因素

冲击地压主要影响因素具有多样性和复杂性,主要表现在不同的开采深度、不同的开采方法和回采工艺、不同的地质条件、不同的围岩特性,以及相同围岩而不同的地点等情况下均发生过冲击地压现象,这也是冲击地压难以治理和预测的主要原因。但影响冲击地压发生的主要因素可以分为两大类,即地质条件因素和采掘技术条件因素。地质条件因素主要有褶曲、断层等地质构造、煤层赋存条件、围岩物理力学特性等;采掘技术条件因素主要有采掘方法和工艺、采掘速度和采掘规划、采掘顺序等,以及由开采造成的采空区、煤柱等的分布。

开采深度往往是影响冲击地压的重要因素。根据围岩岩性和开采深度对应的应力水平之间的关系,可以评估开采深度对冲击地压的影响,以及仅在静水压力作用下,冲击地压发生的开采深度。我国近直立煤层分布较少,往往在埋深较浅(如300~400 m)时即发生动力显现,针对乌东煤矿南采区,结合其围岩岩性,在该开采深度不具备发生冲击地压的条件,却发生了较大冲击动力显现,因此该情况说明是其他因素导致冲击地压发生的。

通过对现场调研和对典型冲击地压现象的分析可知,对近直立煤层组冲击地压发生的主要影响因素有以下几种:

(1)开采煤层及围岩冲击倾向性。根据冲击倾向性作用原理,煤岩体作为冲击地压发生的介质,其倾向性是表征发生冲击地压可能性的指标,是岩体的固有属性,因此开采煤层和围岩的冲击倾向性为冲击地压发生的因素之一。根据第2章中对煤岩体冲击倾向性的测定可知,开采煤层和围岩均具有一定的冲击倾向性,一定情况下具备发生冲击地压的可能性。前文对煤岩层冲击倾向性进行了测试研究,在此不再赘述。

(2)区域地质构造及地应力。乌东煤矿南采区近直立煤层组的赋存地质条件,其构造并不复杂,为八道湾向斜南翼单斜构造,几乎没有断层。但是矿区区域地质较为复杂,为天山北麓二级构造带中的次级褶皱断裂带。天山造山运动和博格达峰的强烈隆起等剧烈的构造运动,在天山北麓形成挤压作用,造成大断裂和大的褶曲构造,使得地层产生褶曲倾覆甚至反转,形成复杂的地质构造和特殊的地层产状,南采区所在的八道湾即为其中构造之一。地层构造形成的同时,在该区地层中也形成了较大构造残余应力,同时聚集了大量的能量。第2章中对地应力进行了测试研究,结果表明水平最大主应力方向和煤层及回采巷道走向为82°,接近垂直,对巷道和围岩稳定性具有较大的影响。

（3）煤层地质赋存状态及坚硬顶板。近直立煤层组，顾名思义，即煤层产状倾角接近垂直，乌东煤矿南采区近直立煤层倾角为 87°，在该产状下，采用水平分段方式由上而下开采。由于地层为近直立，煤层采出后，其顶底板并不与近水平或缓倾斜煤层顶底板一样随着开采的推进形成周期性破断，而是形成巨大的悬顶岩层。随着采深的增大悬顶逐渐向采空区倾斜，从而在底部即开采水平附近对煤体产生巨大的挤压作用，并不表现出明显的周期性来压。因此，其矿压显现和其他产状相比较具有特殊性。

（4）开采水平上部遗留煤柱。由于历史和地面河流等原因，在煤层开采水平以上存在大洪沟煤矿和小红沟煤矿边界煤柱、五一煤矿仓储式采煤遗留煤柱，以及井田边界煤柱、大梁煤矿边界煤柱和中央防洪渠煤柱。煤柱的存在使得开采水平应力增加的同时，对中间岩柱体具有力的作用，增大了岩柱体对开采水平及其以下煤体的影响。通过对冲击地压特征和发生地点的分析，认为遗留煤柱对近直立煤层冲击地压的发生具有重大影响。

（5）采掘扰动。通过对近直立煤层三次典型的冲击地压现象进行调研分析可知，"2·27"冲击地压和"3·13"冲击地压发生在工作面回采期间，"7·2"冲击地压发生在掘进期间，距离掘进工作面较近，因此采掘扰动对近直立煤层冲击地压具有重要影响。

通过对现场冲击地压的调研分析，得到以上 5 种可能的影响因素，其中煤岩体冲击倾向性、地质构造及地应力、煤层地质赋存状态为固定的地质条件因素；开采深度、遗留煤柱和采掘扰动等因素为采掘技术条件因素。

3.2　近直立煤层组冲击地压机理数值模拟

3.2.1　FLAC3D 简介

随着计算机软硬件技术的快速发展，通过计算软件模拟各种工程实际情况的方法得到了广泛的应用，数值模拟软件即是计算机科学和实际工程问题相结合的产物。在岩土工程和矿业工程中，数值模拟方法也得到了广泛的发展和应用[141]。

FLAC 程序相比以往的差分方法做了较大的发展和改进，使得其不仅能够处理一些大变形问题，而且能够模拟岩石和土体中的滑移问题，这对于岩土体中弱面的模拟提供了解决方案。FLAC 程序利用拖带坐标系的优点，遵循材料的连续介质假设，采用按时步显示差分迭代求解方程组，解决了材料和几何非线性问题。

采用 FLAC 程序进行数值模拟计算时，需指定三个基本条件：有限差分网格、材料性能和本构关系、初始条件和边界条件。在数值模型中，有限差分网格用来定义和划分模拟实际问题的形状和几何条件；材料性能和本构关系用来描述材料受力后其变形和力学响应；初始条件和边界条件用来描述模型的应力和边界的初始状态。在定义完成以上条件以后，即可使 FLAC 程序进行初始状态的计算，完成初始状态进行求解以后，按照工程实际情况进行开挖或概化出一定的变化条件，进而模拟开挖或其他条件变化后模型的应力和应变。

3.2.2　研究内容

本书采用 FLAC3D 有限差分数值计算软件，进行数值模拟研究。我们知道，冲击地压现象的发生与采掘工作面的地质和采掘条件有着直接的关系。因此,研究冲击地压发生的机理,就应该从较大空间范围内对地质条件和相邻工作面的开采情况入手,研究在一定地质条件、不同采掘情况下对冲击地压的影响。本书结合乌东煤矿南采区近直立地层工程实际条件,通过研究以下几个主要方面,进而分析近直立煤层冲击地压发生的机理:

(1)分别对B3+6煤层和B1+2煤层开采水平上部存在的情况下,研究开采水平处煤岩体应力及应变能分布和顶底板变形的规律,研究煤柱对冲击地压的影响作用。

(2)在以上应力环境下,进行下一阶段煤层开采和下一阶段回采巷道掘进,进一步研究开挖后围岩应力和能量场的变化规律,重点研究巷道周围应力分布和位移变化等规律。

3.2.3　研究目的

通过数值模拟分析开挖以及煤柱影响下,近直立煤层开采以及下分段巷道掘进开挖过程中,围岩应力场演化特征和变形规律,分析近直立煤层冲击地压发生的应力和能量方面的机理。

3.3　数值模型建立及方案设计

3.3.1　数值计算模型

本次研究的数值模拟模型依据乌东煤矿南采区近直立煤层地质条件建立,概化其相关开采技术条件,模拟上述应力环境作用下冲击地压发生的机理。南采区地面高度一般为850 m,现开采+475 m水平,在+500 m水平和+475 m水平均在B3+6工作面出现破坏性冲击显现,因此初始模拟开采水平设定为+500 m水平,即埋深为350 m,+500 m水平以上采空区采取一次性开挖。根据实际条件,B3+6工作面宽度为45 m,B1+2工作面宽度为35 m。实际开采条件中岩柱体的宽度自西向东由110 m逐渐减小至55 m,模拟过程中岩柱体厚度选取"7·2"冲击地压地点处岩柱体宽,为80 m。

对于开采后形成的采空区,工程实际情况是采用黄土进行不完全填充。虽然采用黄土进行填充,但相对采空区空间而言,填充黄土体量较少并不充实,在放煤过程中还可以放出黄土,说明填充的黄土并没有固结,为散体形态,因此其对周围岩体的变形和应力分布影响较小。为研究影响冲击发生的主要因素,忽略两采空区回填黄土,将采空区视为开挖后的无填充空间。

同时为研究模型的一般性规律,将数值模型按照实际地质条件进行概括简化,地层倾角设定为97°,根据综合柱状图可知,B6煤层顶板70 m范围基本为砂岩,砂岩层以上也多为粉砂岩以及粉砂岩和煤层互层。B1煤层底板多为粉砂岩,其中夹杂泥岩层。为简化模拟,将厚度小于2 m的泥岩层与砂岩进行合并处理。中间岩柱体主要为粉砂岩,并夹若干2~3 m泥岩夹层。考虑模型开挖空间大,为减小边界条件对计算结果的影响,模型设定为较大尺寸,具体模型尺寸为高600 m、宽800 m、长600 m。在竖直方向由地面模拟到深600 m范围,共设置347 700个单元、363 072个节点。模拟采空区上方遗留煤柱时,对煤柱体和其两侧顶底板岩体之间设置接触面和相应的力学参数,对煤柱体和顶底板岩层之间的结构弱面进行模拟。建立的地质模型如图3-5所示。

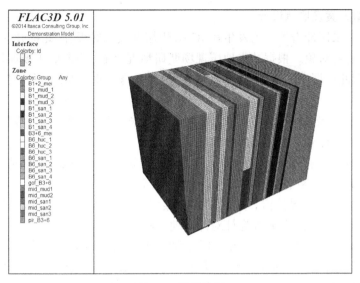

图 3-5　地质模型

3.3.2　边界条件及地层参数

3.3.2.1　模型边界条件

　　模型采用平面应变分析,初始平衡时模型底部固定,上下为位移方向,上部为自由界面,模型四周采用应力边界,根据实际地应力测试结果换算出 x、y 向应力,并线性作用于相应模型边界。重力加速度为 9.81 m/s^2。待模型初始化应力完成后,清除初始化过程中的位移和速度,然后固定模型 y 向的两边界位移,x 向边界条件仍采用应力边界条件,为消除底部边界影响,模型底部不设置 x 向位移约束,仅固定模型底部边界,上下即位移方向。

3.3.2.2　煤岩层力学参数

　　针对模型中力学参数,根据现场取样和实验室测试结果以及乌东煤矿南采区地质报告进行取值,具体参数见表 3-1。

表 3-1　模型中煤岩体力学参数

岩层	视密度 （kg/m³）	抗压强度 （MPa）	抗拉强度 （MPa）	弹性模量 （GPa）	泊松比	黏聚力 （MPa）	内摩擦角 （°）
B6 顶板粉砂岩	2 813	82.37	5.78	26.92	0.26	7.01	28.5
B6 顶板泥岩	2 476	33.01	2.17	15.87	0.24	2.91	32.7
B3+6 煤层	1 336	12.38	1.21	2.12	0.29	2.42	26.9
B1+2 煤层	1 318	10.10	1.32	1.98	0.29		31.5
中间岩柱砂岩	2 724	75.08	4.74	25.38	0.60	5.89	27.3
中间岩柱泥岩	2 509	27.52	1.99	15.43	0.28	3.26	30.2
B1 底板砂岩	2 752	70.36	4.53	25.13	0.29	5.42	28.6
B1 底板泥岩	2 478	23.01	2.15	14.74	0.31	2.4	27.1

3.3.2.3 模拟方案及监测设计

乌东煤矿南采区冲击地压均发生在 B3+6 煤层及其顶底板,因此将 B3+6 煤层及其顶底板作为主要研究对象。根据冲击地压现场调研情况来看,冲击地压破坏地点距离两组煤柱均较近,因此根据实际情况将有无煤柱作为一个诱发冲击因素进行研究,分成以下三种情况进行模拟:

(1)B1+2 煤层及 B3+6 煤层上覆煤体均完全开采,即两组煤层均无煤柱,在该情况下研究围岩应力和变形对冲击地压的影响作用。

(2)B3+6 煤层上覆煤体均完全开采,B1+2 煤层留有煤柱,根据实际情况进行适当简化,将 B1+2 煤层煤柱高度设定为由地面至开采水平。

(3)B3+6 煤层上覆煤体留有煤柱,B1+2 煤层上覆煤体均完全开采。将煤柱设定为由地面至+500 m 开采水平,研究煤柱对冲击地压的影响作用。

该区冲击地压主要发生在 B3+6 煤层,因此主要研究 B3+6 煤层顶底板和未开采煤体的应力场分布和位移。在+500 m 水平以上一定距离 B3+6 煤层顶底板岩体内布置 3 组位移监测点。在+500 m 水平以下未开采煤层及其顶底板中布置 3 组应力监测点。

3.4 数值模拟结果分析

3.4.1 上覆煤体完全采出后围岩应力响应及变形分析

3.4.1.1 煤岩体应力场演化

由于该矿区位于七道湾向斜南翼,矿区地应力方向主要受向斜影响,根据地应力测试,其最大水平主应力方向与向斜走向即煤层走向夹角约为 82°。又由于地层倾角接近直立,当两煤层采出后,煤层顶底板岩层基本无垮落,形成矗立在采空区两侧的岩墙。随着开采深度的不断增大,在 B3+6 煤层开采水平处的煤岩体水平应力和竖直应力有着显著变化。

本书研究发生冲击地压时开采水平应力情况,因此对以上煤体采用一次开挖方式。由于模型和开挖尺寸均较大,采用 FLAC3D 自身默认收敛标准,即当体系最大不平衡力与典型内力的比率 R 小于定值 $1×10^{-5}$ 时,模型难以收敛,因此将该标准降低为其 1/2,这样既能满足计算需要又能较快收敛。开挖后通过计算系统应力逐渐平衡,得到两煤层组煤体完全采出后水平和竖向围岩应力以及主应力分布图(见图 3-6)。

水平和竖直方向应力云图较清晰和直观地反映了上覆煤体开挖后,应力场的转移与变化情况。由水平应力分布图可知,两层煤体开挖以后,煤层采空区顶底板水平应力几乎为零,中间岩柱体的水平应力也接近于零。在水平地应力的作用下,两采空区顶底板受到不平衡力的作用,在开采水平底部煤体形成较大的应力集中。B3+6 煤层应力集中出现在开采水平以下 30~90 m 范围内,最大应力集中在开采水平以下 50 m 左右。图 3-7 为+500 m 水平下 50 m 处 B6 顶板 B3+6 煤层及 B1 底板水平应力监测曲线,根据曲线可知 B6 顶板及 B3+6 煤层中水平应力较高,水平应力最大达到 40 MPa,应力集中程度达到开挖前的 2.56 倍。对于 B1+2 煤层应力集中出现在开采水平以下 30~50 m 范围内,在

40 m 处形成最大应力集中,达到 34.4 MPa,应力集中程度达到原来应力的 2.29 倍。

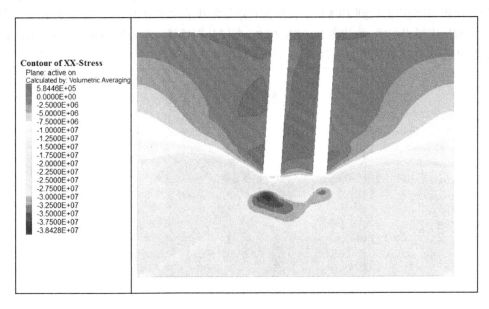

图 3-6　煤体完全采出水平应力分布图

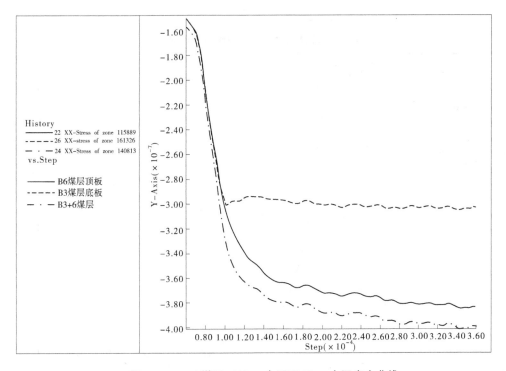

图 3-7　B3+6 煤层+500 m 水平下 50 m 水平应力曲线

图 3-8 为去掉受边界条件影响部分后的竖向应力分布图。竖直方向应力与水平应力不同的是，由于煤层的开挖卸荷作用，在未开采的 B3+6 煤层内垂向应力并未出现明显应力集中现象，垂向应力达到 19 MPa，主要集中分布在开采水平以下 B6 煤层顶板和 B1 煤层底板及其周围煤岩层中，尤其在 B6 顶板与 B6 煤层分界处竖直应力较为集中，同样 B1 煤层与其底板分界处垂直应力也有所升高。通过垂向应力曲线图（见图 3-9）可知，开采水平

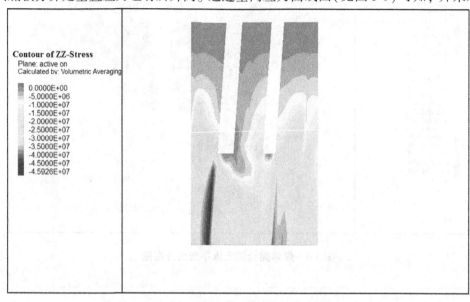

图 3-8 煤体完全采出垂向应力分布图

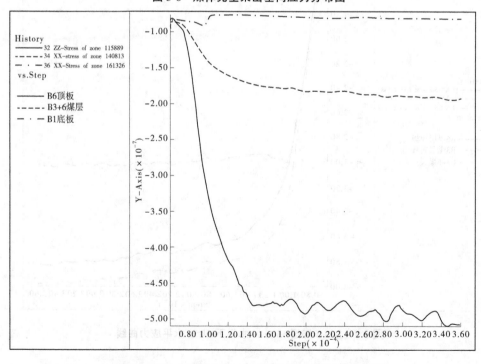

图 3-9 B3+6 煤层+500 m 水平下 50 m 垂向应力曲线

以下 B6 顶板垂向应力达到 50 MPa,垂向应力集中系数达到 5.6;B1 底板垂向应力上升为 32.8 MPa,应力集中系数达到 4.1,由此可知 B6 顶板应力集中程度高于 B1 底板。

而在 B3+6 煤层底板也就是 B3 煤层底板的煤岩体中,出现了一个垂向应力异常降低区。图 3-10 为 B3 底板和 B2 顶板开采水平以上 10 m 和 20 m 垂向应力曲线。由图 3-10 可知,其垂向应力不但没有增加反而降低至 1~2 MPa。而在 B2 顶板即中间岩柱体的另一侧,其垂向应力有所升高,达到原来的 2 倍左右。从中间岩柱体整体垂向应力分布来看,靠近 B3 煤层侧垂向应力与原来相比均有一定程度的减小,B2 煤层侧均有一定程度的增加。

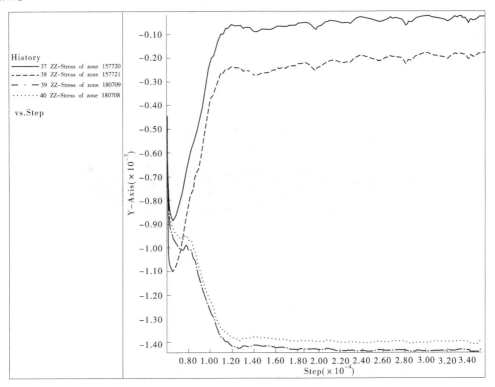

图 3-10　中间岩柱体两侧垂向应力监测曲线

由图 3-11 所示最大主应力分布图可清晰看出,最大主应力在 B6 顶板开采水平以下 20~90 m 范围内有较大应力集中现象,最大集中区域在开采水平以下 50 m,主应力达到 48 MPa,应力集中系数达到 3.1。由图 3-12 所示最大剪切应力分布图可知,最大剪切应力分布在 B6 顶板开采水平以下 10~30 m 范围,最大剪切应力达到 16 MPa。根据摩尔-库伦准则,岩石破坏主要受剪切应力作用,因此在 B3+6 煤层开采后应力集中主要分布在 B6 顶板和 B3+6 煤层中,而应力集中范围一般处于 30~90 m 范围内。由于采用水平分段开采方式,在应力集中区域同时也是本分段回采巷道和回采工作面所处位置,下一分段回采巷道的掘进同样处于高应力分布区,在回采和掘进产生的动载影响下围岩发生冲击失稳。

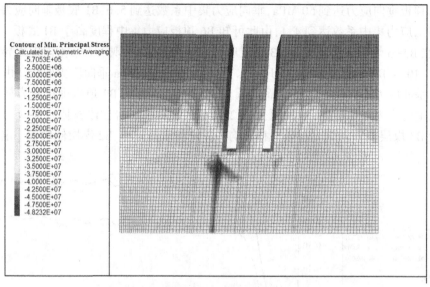

图 3-11　煤体完全采出最大主应力分布

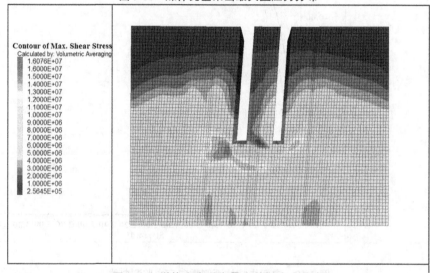

图 3-12　煤体完全采出最大剪切应力分布

3.4.1.2　煤岩体位移变化规律

通过水平应力和垂向应力分布云图可知,水平应力集中区域主要位于煤层中,但是比较靠近 B6 顶板,而 B3 底板应力集中相对较小,垂向应力集中区主要分布在 B6 煤层及其顶板分界处,而 B3 煤层及其底板处垂向应力反而降低。

造成这个情况的原因为,由于地层为近直立地层 B3+6 煤层开挖以后 B6 顶板岩层,并没有随开采而破断,岩层发生弯曲变形,加之 B6 顶板岩层 3°~4°的倾斜方向朝向 B3+6 煤层,B3+6 煤层开采后在不平衡水平地应力作用和垂直自重应力共同作用下,岩层向 B3+6 方向倾斜,从而造成 B6 顶板处的应力集中现象。这也是主应力和剪切应力集中在 B6 顶板的原因。如图 3-13、图 3-14 所示,分别监测了 B6 顶板埋深 100 m、200 m、300 m 处水平方向位移和竖直方向位移。监测点处水平方向位移分别为 1.78 m、1.32 m 和

0.82 m;垂直方向位移分别为 0.41 m、0.36 m 和 0.23 m。

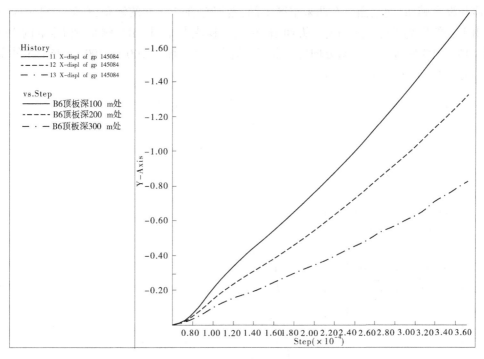

图 3-13　B6 顶板水平方向位移　（单位:m）

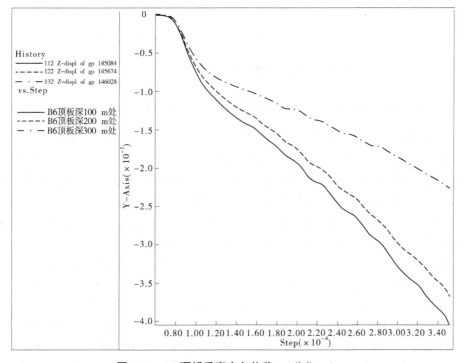

图 3-14　B6 顶板垂直方向位移　（单位:m）

中间岩柱体内垂向应力呈现 B3 侧降低、B2 侧增加的情况,同样是由于开挖后中间岩柱体并没有破断,而是矗立在两采空区中间,地层存在 3°~4° 的倾角,在岩层自重应力的作用下,产生弯曲倾斜趋势,从而在 B3 侧形成拉伸和 B2 侧形成压缩的趋势。图 3-15 为 B3 底板岩层水平方向位移曲线,从图中可知埋深 200 m、300 m、350 m 处水平位移为 110 mm、60 mm 和 20 mm。

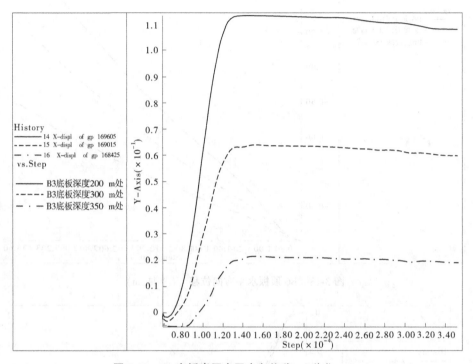

图 3-15　B3 底板岩层水平方向位移　(单位:m)

3.4.2　相邻煤层存在煤柱情况下围岩应力分布分析

在该矿实际开采技术条件中,B1+2 煤层在 +500 m 开采水平以上遗留有原大梁煤矿边界煤柱,在该煤柱影响区域 B3+6 煤层回采巷道变形量大,在"7·2"冲击事故中该段巷道破坏严重。因此,通过研究相邻煤层组 B1+2 煤层存在煤柱的情况下 B3+6 煤层开采后围岩的应力分布,来研究冲击地压和巷道破坏机理。

由水平应力云图(见图 3-16)可知,B3+6 煤层开挖后在煤层开采水平以下 30~100 m 范围内产生较大水平应力集中区,集中区域跨越整个 B3+6 煤层宽度,其中最大水平应力集中达到 46 MPa,应力集中系数达到 3.0。可见,由于 B1+2 煤柱的存在,水平应力集中范围和强度均有所增加,如图 3-17 所示,在 B3+6 煤层及其顶底板中,B1+2 煤层存在煤柱的情况下,较两煤层组上覆煤体完全采空时最大水平应力增加 15.5%。

去除两侧应力边界条件影响部分,得到如图 3-18 所示的垂向应力曲线图。由图可知,在相邻煤层组存在煤柱的情况下,最大垂向应力分布在开采水平以下 50 m B6 顶板处,如图 3-19 所示,最大垂向应力达到 47 MPa,其集中范围和集中程度均与两侧煤层完

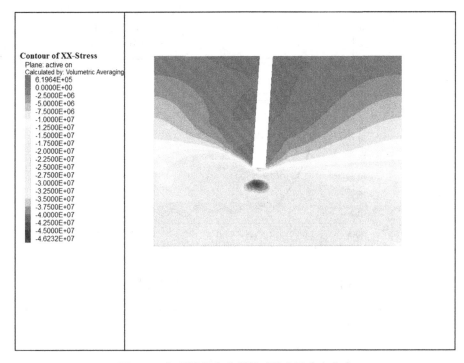

图 3-16　相邻煤层存在煤柱时的水平应力分布

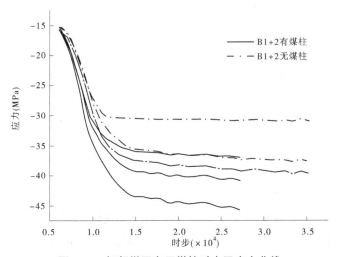

图 3-17　相邻煤层有无煤柱时水平应力曲线

全采出时基本相同,垂向应力在 B3+6 煤层中的分布同样较为相近;由于水平应力对 B3 底板的作用,在 B3 底板处垂向应力有所增大。

　　由最大主应力和最大剪切应力分布图(见图 3-20、图 3-21)可知,B1+2 有煤柱时较之两煤层组完全开采的情况下,最大主应力和最大剪切应力的应力集中数值并没有太大变化,其应力集中系数和两煤层组完全开采时几乎相同;但是受煤层中水平应力增大的影响,最大主应力和最大剪切应力两者的应力集中范围均有所增大,由原来集中在 B6 煤层及其顶板分界面处,增大为 B6 顶板及整个 B3+6 煤层。同时,在开采水平以下 40~70 m

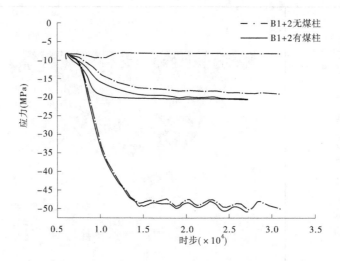

图 3-18　相邻煤层有、无煤柱时垂向应力曲线

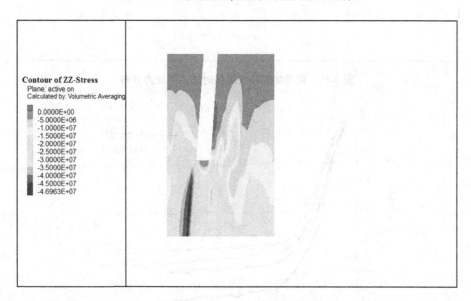

图 3-19　B1+2 煤层存在煤柱时垂向应力分布

范围 B3 底板处也出现最大主应力升高现象,其应力值达到 40 MPa,应力集中系数达到 2.6 左右。

　　根据现场现有采掘技术条件,本分层回采和下分层掘进活动,正处于应力集中区域,由于应力集中范围的增大,在采掘活动以及开挖引起冲击地压的可能性也较之增加。因此,在 B1+2 煤层存在煤柱的情况下,冲击地压的危险系数也有所升高,这就是在现场 1 170~1 580 m 段 B1+2 存在煤柱的情况下,B3+6 煤层回采巷道和掘进巷道出现压力异常升高、围岩变形过大难以维护的原因,同时也是导致冲击地压发生的主要原因。

　　在 B1+2 煤层有煤柱的情况下,B3+6 煤层开采水平以下应力集中范围、集中程度增大,以及最大主应力和最大剪切应力范围增大,其原因为 B1+2 煤柱的存在使得 B1+2 煤

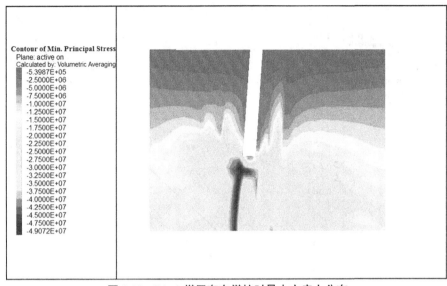

图 3-20　B1+2 煤层存在煤柱时最大主应力分布

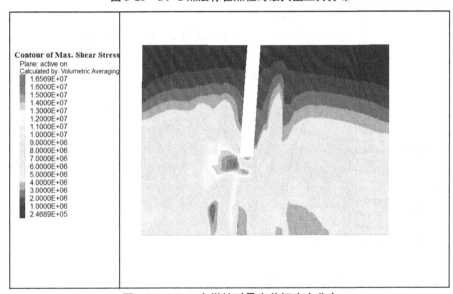

图 3-21　B1+2 有煤柱时最大剪切应力分布

层底板应力通过煤柱传递到中间岩柱体,导致中间岩柱体的变形由原来向 B1+2 倾斜变为向 B3+6 煤层方向倾斜,B3+6 煤层开挖以后其两侧顶底板均向采空区发生倾斜。图 3-22 和图 3-23 所示分别为 B1+2 存在煤柱时顶底板水平位移监测曲线。由图可知,B6顶板与两煤层组完全采出时变化不大,说明 B1+2 煤柱对 B6 顶板运动影响不大,这也解释了开采水平以下 B6 顶板应力集中程度与原来相比变化不大的情况。但是 B3 底板岩层位移不但数值上有变化,且其位移方向也发生了改变,因此导致顶底板均对 B3+6 煤层产生挤压应力作用,两岩层在 B3+6 煤层引起的应力叠加使得 B3+6 开采水平以下煤体应力集中范围和程度增大。

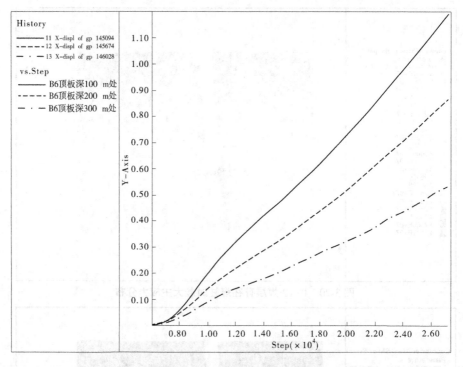

图 3-22　B6 顶板水平位移监测曲线

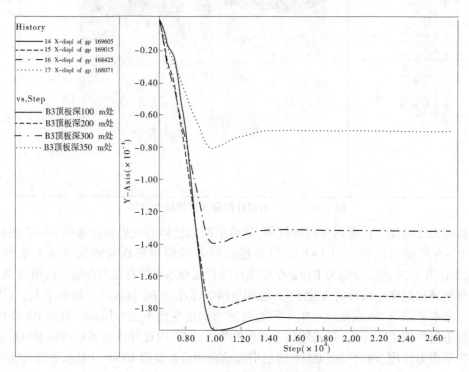

图 3-23　B3 底板水平位移监测曲线

3.4.3　煤层存在煤柱情况下围岩应力分布分析

3.4.3.1　煤柱下方煤体未回采围岩应力分布

开采+500 m 水平 B3+6 煤层时其上部同样存在遗留煤柱情况,主要分布在工作面走向 950~1 500 m 处原五一煤矿范围内及其井田边界。五一煤矿边界煤柱较为完整,该煤柱由+500 m 水平向上到地面。为减弱该煤柱形成的应力集中和应力传递现象,对该煤柱实施了爆破预裂,在模拟过程中相应地减小了其力学参数。在原五一煤矿井田煤柱处B1+2 煤层不存在煤柱的情况,为正常完整开采,针对该情况建立相应的模型,对 B1+2 煤层开挖后 B3+6 围岩应力分布进行分析,研究 B3+6 回采巷道冲击地压发生的原因。

由水平应力分布(见图 3-24)可知,B1+2 煤层开挖后,受到其顶底板变形挤压作用,在其开采水平以下 20~70 m 范围引起水平应力集中,最大水平应力达到 39 MPa,应力集中系数达到 2.6。水平应力通过 B3+6 煤层煤柱传递至中间岩柱体,使岩柱体向 B1+2 采空发生较大弯曲变形,在开采水平以下 70~100 m 范围内出现水平应力集中。而 B3+6 煤层顶底板水平应力相应地比原岩应力有所增大,但并没有出现水平应力集中现象。

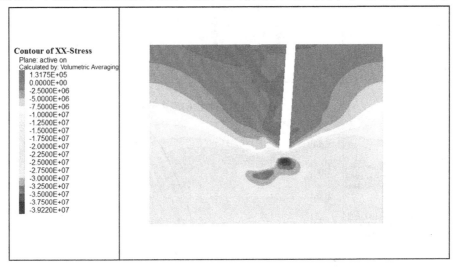

图 3-24　B3+6 有煤柱时水平应力分布

通过垂向应力分布(见图 3-25)可知,在开采水平以下 B6 煤层及其顶板接触面区域出现垂向应力集中区,集中应力达到 30 MPa,集中程度为原应力的 3 倍左右。可见其应力集中程度较 B3+6 煤层完全采出时,有所减少,其原因为在煤柱的支撑作用下,B6 顶位移较小。图 3-26 所示为 B6 顶板水平位移监测曲线,在深度为 100 m、200 m 和 300 m 时水平向位移分别为 0.59 m、0.42 m 和 0.27 m,可见在深度 100 m 处 B6 顶板水平向位移变化较无煤柱时减小 3.5 倍,引起的水平应力升高幅度也较小。

由图 3-26 可知,中间岩柱体垂向应力分布整体呈现靠近 B3 煤层一侧应力降低、靠近B2 煤层一侧应力升高的现象,尤其是在岩柱体下半部分,这种分区现象更加明显,开采水平以上 B3 煤层底板岩层上方 10~50 m 处甚至出现较大拉应力现象,拉应力区宽度为15~20 m,最大拉应力为 2 MPa 左右。分析这种情况的原因主要为,在煤柱的挤压作用下,中间岩柱体受到侧向不平衡力的作用,同时加之岩柱体自重的影响,使得中间岩柱体发生弯曲,岩柱体的弯曲作用在其底部即开采水平位置达到最大。如图 3-26 所示,B3 底板向 B1+2 采空产生较大水平位移,深度为 100 m 处位移达到 600 mm。由于开采深度的加大,水平不平衡力和自重应力分力形成的力矩增大,在力矩的放大作用下,岩柱体底部 B3 底板产生弯曲拉应力,而在 B2 顶板产生压应力。

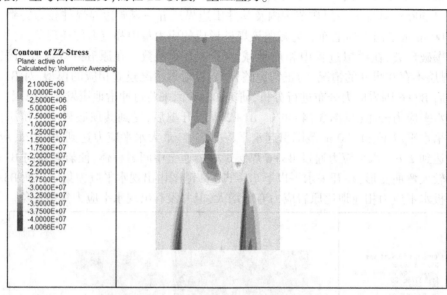

图 3-25　B3+6 有煤柱时垂向应力分布

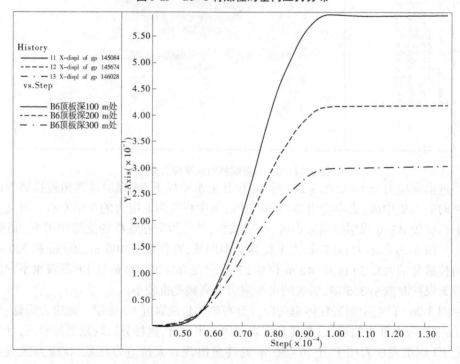

图 3-26　B3+6 有煤柱时 B6 顶板水平位移监测曲线

3.4.3.2　煤柱下方煤体采出后围岩应力分布

B3+6 煤层在开采深度达到+500 m 水平以下时,对煤柱下方的煤体进行回采,因此会有在煤柱下方形成采空区的情况,煤柱下方煤体的开挖对 B3+6 煤层及其顶底板应力影响较为显著。

如图 3-27 所示,当下分段煤层回采后,煤柱往下变形,开采水平以下 40~90 m 位置水平应力急剧升高,较没有开挖之前其应力集中范围迅速增大,应力集中范围由 B6 顶板横跨 B3+6 煤层和中间岩柱体延伸至 B2 顶板岩层。在 B3+6 煤层开采水平应力达到 39 MPa,相较于原岩应力其应力集中系数达到 2.6 左右。由图 3-28 可知,垂向应力增加区域主要集中在 B6 煤层及其顶板接触面附近,开采水平以下 50 m 处最大垂向应力达到 40 MPa,应力集中系数达到 4.1。由图 3-29 可知,由于中间岩柱体的倾斜和弯曲作用,在其底部 B3 底板岩层出现较大拉应力,其值达到 1.8 MPa 左右,而在 B2 顶板岩层中出现压应力升高现象,压应力达到 23 MPa,应力集中系数达到 2.5。对岩石材料其抗拉强度远小于抗压强度,因此在 B3 底板围岩易发生失稳破坏。

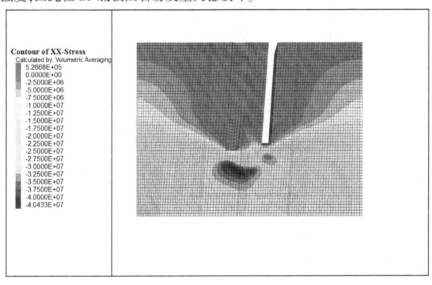

图 3-27　B3+6 煤柱下分段采出后水平应力分布

如图 3-30 所示,B3+6 煤柱下分段采出后最大主应力集中在 B6 煤层及其顶板接触面附近,最大应力集中区域分布在开采水平以下 20~80 m 范围 B6 顶板。开采水平以下 50 m 处最大主应力达到 46 MPa,应力集中系数达到 2.9。图 3-31 所示为剪切应力分布图。由图可知,最大剪切应力分布在 B6 顶板开采水平附近,即开采水平以下 50 m 范围,最大剪切应力达到 16 MPa。同时,在开采水平以下 50~80 m 岩柱体处也存在剪切应力集中区。

乌东煤矿南采区为近直立特厚煤层组开采,B3+6 煤层采出后形成大空间范围的采空区,而其顶底板岩层并不随煤体采出产生周期性的垮落,而是随着开采深度的增加形成一面矗立的岩墙。乌东煤矿南采区地应力水平较高且和煤岩层走向夹角较大,极不利于开挖后所形成岩墙的稳定性。煤体开采后在地应力的作用下,B6 煤层顶板岩体内形成不平衡力,造成 B6 顶板向采空区侧产生倾斜位移,在开采水平附近岩体中形成较大垂向应力集中。同时岩体的倾斜对 B3+6 煤层产生挤压作用,在煤体中形成较大水平应力集中,当相邻煤层存在煤柱时,顶底板岩层对 B3+6 煤层水平应力相互叠加,造成 B3+6 煤层中更大范围和更大程度的应力集中。当 B3+6 存在煤柱时,在中间岩柱体中形成水平不平衡力,加之岩柱体自重应力的作用,岩柱体在受力不平衡的情况下向 B1+2 采空区发生弯曲,在其底部即开采水平附近形成较大弯曲应变,使得 B3 底板岩层出现较大垂向拉应力,严重影响了岩柱体的稳定性。

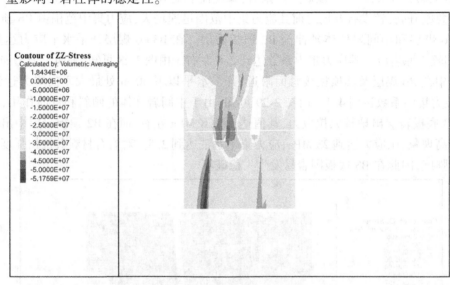

图 3-28　B3+6 煤柱下分段采出后竖直应力分布

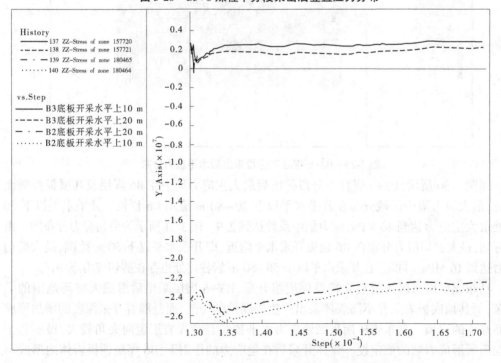

图 3-29　B3+6 煤柱下分段采出中间岩柱体两侧岩层竖直应力分布

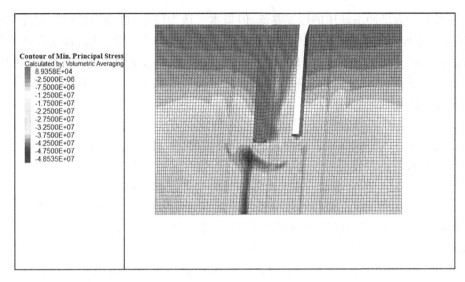

图 3-30　B3+6 煤柱下分段采出后最大主应力分布

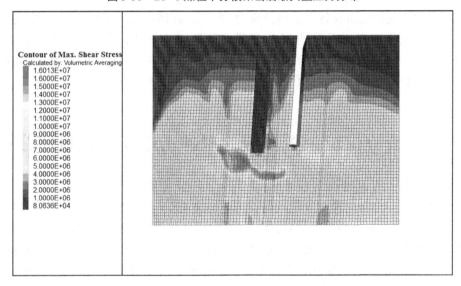

图 3-31　B3+6 煤柱下分段采出后剪切应力分布

通过以上研究可见,开采深度达到 350 m 时 B6 顶板岩层在不进行下一分段回采和巷道掘进时即处于高应力区,且开采深度越大,其应力水平越高。在高应力区进行高强度的回采和掘进时,对周围岩体产生强烈的扰动作用,诱发冲击地压的发生。

3.5　近直立煤层组冲击地压类型及分析

针对乌东煤矿近直立煤层冲击地压造成损坏情况,一般发生在回采巷道,除"3·13"冲击地压外,其余多次冲击地压均造成两条回采巷道同时发生较大范围的破坏,因此对于冲击地压发生的初始位置不易确定。B3 巷道由于破坏范围更大,且冲击破坏具有一定方向性,一般被认为是冲击地压的原发巷道,但是本书认为仅由 B3 巷道的破坏情况来确定冲击地压发生地点不够全面,同时应考虑 B6 巷道破坏的情况可知,通过冲击现场报告描述情况,在相同支护情况下,虽然 B3 巷道破坏长度较大,但受冲击段 B6 巷道破坏的程度更深,从底鼓量、两帮收缩量以及对支架的破坏程度等情况来看,均较 B3 巷道严重,甚至 B6 顶板侧巷帮出现震动塌方。

以上数值模拟结果表明,由于地层 3° 倾角的存在,以及受地应力的不利影响,当 B3+6 煤层无煤柱时,B6 顶板岩层向采空区产生位移,对自身及煤层产生挤压作用,使得在靠近 B6 顶板附近的煤层处于高应力状态。高应力区位于开采水平以下 30~70 m,最大应力集中在 50 m 处,其中最大主应力集中范围主要分布在 B6 煤层顶板岩层中。B3 底板侧在开采水平以下 50 m 范围内并未形成较大应力集中现象。聚集能量最大的区域也分布在 B6 顶板一侧。因此,数值分析结果表明相较于 B3 围岩,B6 围岩更易发生冲击地压。但是,如果仅在 B6 巷道围岩发生冲击地压,与 B3 巷道围岩破坏情况不尽相符,同时 "3·13" 冲击地压破坏范围主要在 B3 巷道,B6 巷道影响较小,几乎没有发生破坏。通过数值模拟分析可知,当 B3+6 煤层上覆空间存在煤柱时,中间岩柱体向 B1+2 煤层方向产生较大位移,B3 底板侧出现较大垂向拉应力,表明岩柱体在 B3+6 煤层岩柱水平挤压力及其自重分力的作用下,发生弯曲,在底部形成弯矩,从而在其底部产生拉应力,同时聚集弯曲势能。众所周知,岩石抗拉强度远小于其抗压强度,在拉应力状态下更易破坏。因此,本书针对这两种情况提出近直立煤层组冲击地压的两种类型,其一为近直立顶板高应力型冲击地压,其二为中间岩柱体力矩冲击地压。

3.6 近直立煤层顶板高应力型冲击地压能量机理分析

Cook[12] 等在 20 世纪 60 年代总结提出了冲击地压能量理论。能量理论认为,当临界破坏时煤岩系统中储存的能量大于系统破坏消耗的能量时,其多余的能量就会以动能的形式释放,从而产生动力显现。此后,该理论经过近几十年的发展,不断完善,至今仍是研究分析冲击地压发生机理的重要理论依据。围岩在应力作用下发生弹性形变,从而在岩体内部聚集弹性能量,弹性能在岩石的力学行为中扮演着重要的角色。岩石变形破坏释放的能量全部来自前期聚集在其内部的弹性变形能。这些能量数值上等于外力在相应位移上所做的功。当外界条件达到临界后,这种变形能将转换为其他形式的能量。这些能量是岩石发生动力现象的源动力。本书结合数值模拟结果,对近直立煤层组开挖后形成应力集中区域的能量进行计算,研究其冲击发生的能量机理。

3.6.1 冲击地压发生的最小能量密度

煤岩体在外力作用下发生弹性变形,在这个过程中外力对岩体做功,煤岩体存储应变能量,该能量与外力做功数值相等。岩体发生弹性变形和储存应变能量的过程是一个稳态的过程。而岩体发生破坏、对外做功、释放能量的过程,尤其是动力破坏过程,为岩体失稳过程,在失稳破坏过程中始终遵循岩体动力破坏的最小能量原理。该原理认为,岩体为三向应力状态时,在应力的作用下聚集大量弹性应变能量,在三向应力状态下岩体破坏遵循三向应力破坏准则,但是岩体一旦开始破坏,其应力状态迅速调整,转换为二维受力状态,最终转变为单向受力[142]。由于破坏启动时遵循三向应力破坏准则,导致其破坏耗损的能量,比单向应力状态下的能量大得多,多余的能量就是破坏时三维向一维应力状态转变的能量变化值。不论岩体初始时为哪种应力状态,一旦发生失稳启动破坏程序,其破坏真正需要消耗的能量总是单向应力状态的破坏能量,对于压缩状态来说,其需要的能量为

$$E_m = \frac{\sigma_c^2}{2E} \tag{3-1}$$

式中　E_m——最小破坏能量;

　　　　σ_c——单轴抗压强度;

　　　　E——岩石弹性模量。

这就是岩石动力破坏时消耗的最小能量。三向应力状态的岩体中储存的弹性能与最小破坏能差值即为岩体破坏的弹性余能,大部分情况下,这部分能量以动能形式释放。该动能是造成煤岩体垮落、弹射等动力显现的主要能量。假设在发生冲击地压的情况下,当破碎煤岩体向自由空间抛出的初速度不超过 1 m/s 时,不可能发生冲击地压;而当初速度不小于 10 m/s 时,则有很大可能发生冲击地压。发生冲击地压的能量既能够使得煤岩体产生破坏,同时还要提供发生冲击时煤岩体弹射或抛出所需的动能。当发生失稳破坏时岩体聚集的弹性能超过两者之和时,就可能发生破坏性冲击地压现象。因此,根据最小破坏能量原理、冲击矿压动能以及能量守恒原理,确定发生冲击地压的能量:

$$E_{min} = \sigma_c^2/2E + \rho v^2/2 \tag{3-2}$$

式中　ρ——煤岩体密度;

　　　　v——发生冲击地压的最小速度;

　　　　其余符号含义同前。

3.6.2　煤岩体应变能量计算

假设煤岩体为弹性体,在受力作用的过程中保持平衡状态,弹性体没有动能的变化,同时弹性体的非机械能也没有变化,于是外力所做的功就完全转变为应变能,存储于弹性体中。应变能可由主应力在其作用方向所形成的应变力所做的功来计算。设在煤岩体中取微小正方体弹性体,六个面均受到三个主应力的作用,如图 3-32 所示。

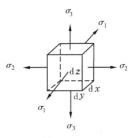

图 3-32　弹性体单元

由于受到三个主应力 σ_1、σ_2、σ_3 的作用,弹性体在主应力方向上产生相应的应变 ε_1、ε_2、ε_3,从而在弹性体中形成弹性势能,由于弹性体的应力应变为线性关系,根据能量守恒原理,应变能的大小仅与弹性体受到的应力和应变的最终大小相关。因此,可以得到三个主应力作用下弹性体的应变能[143]。

$$dw = \frac{1}{2}(\sigma_1\varepsilon_1 + \sigma_2\varepsilon_3 + \sigma_3\varepsilon_3)d_1d_2d_3 \tag{3-3}$$

则应变能量密度为

$$u = \frac{dw}{d_1 d_2 d_3} = \frac{1}{2}(\sigma_1 \varepsilon_1 + \sigma_2 \varepsilon_2 + \sigma_3 \varepsilon_3) \qquad (3\text{-}4)$$

由广义胡克定律

$$\left. \begin{array}{l} \varepsilon_1 = \dfrac{1}{E}\left[\sigma_1 - \mu(\sigma_2 + \sigma_3) \right] \\[2mm] \varepsilon_2 = \dfrac{1}{E}\left[\sigma_2 - \mu(\sigma_3 + \sigma_1) \right] \\[2mm] \varepsilon_3 = \dfrac{1}{E}\left[\sigma_3 - \mu(\sigma_1 + \sigma_2) \right] \end{array} \right\} \qquad (3\text{-}5)$$

得到弹性单元体在三向主应力作用下应变能密度公式如下：

$$u = \frac{1}{2E}\left[\sigma_1^2 + \sigma_2^2 + \sigma_3^2 - 2\mu(\sigma_1\sigma_3 + \sigma_1\sigma_2 + \sigma_2\sigma_3) \right] \qquad (3\text{-}6)$$

根据数值模拟计算结果，采用相关软件进行数据的提取，并计算出煤岩体的应变能量密度，采用 surfer 软件进行三维绘图。图 3-33 ~ 图 3-36 为各相应情况下应变能密度三维图。图中数据提取自 B3+6 煤层开采水平以下 50 m 平面内。图 3-36 中仅对 B3+6 煤层进行了开挖，因此对于 B1+2 煤层相当于其开采水平以下 75 m，并非其能量最高水平面。本书主要关注 B3+6 煤层能量场。

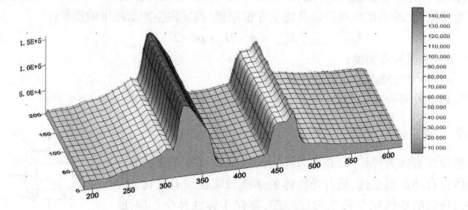

图 3-33　无煤柱时应变能密度三维图

由图 3-33 ~ 图 3-36 三维应变能密度图可以看出，近直立煤层组能量场特征可以概括如下：

（1）由于煤体弹性模量与岩体相比较小，因此在同样应力大小情况下其应变较大，煤体的应变能密度较大。在能量密度三维图中煤层的能量密度均大于周围岩体的能量密度。

（2）两煤层组靠近其顶底板位置的煤体能量均有增大，尤其是 B3+6 煤层组靠近 B6 顶板位置能量增大更加剧烈。

（3）对比图 3-34、图 3-35 可知，在煤柱下方未开挖时，B3+6 煤层存在煤柱的情况下相邻煤层煤岩体能量高，均高于相应煤层无煤柱的情况，而 B3+6 煤层组能量相对较低，且均低于无煤柱的情况。

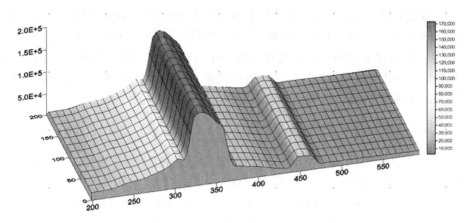

图 3-34 B1+2 煤柱时应变能密度三维图

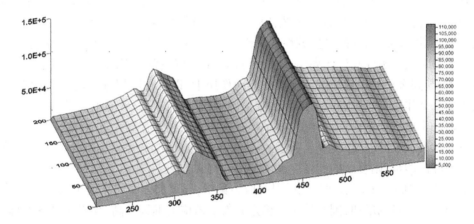

图 3-35 B3+6 煤柱时应变能密度三维图

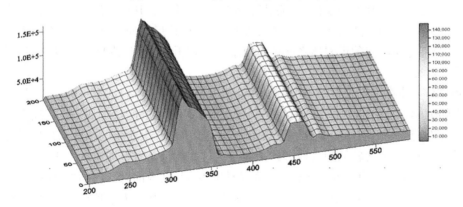

图 3-36 B3+6 煤柱下分段采出时应变能密度三维图

(4)对比图 3-33~图 3-36 可知,B3+6 煤层存在煤柱而在煤柱下方进行回采时,其煤岩体能量相较两煤层组均与无煤柱情况下相差无几,但是其能量峰值更靠近 B6 顶板。

因此,由能量理论分析 B3+6 煤层发生冲击地压的规律是,B3+6 煤层组仅在其上覆存煤柱且在煤柱下方未回采时其能量较低,而该种情况随着+500 水平回采完毕而不复存在。在其余三种情况下,B3+6 煤层及 B6 顶板中能量均较高,尤其是 B6 顶板附近区域能量最高,甚至达到并超过冲击地压发生的最小能量,发生冲击危险的情况最大,这和近直立煤层组现场顶板挤压高应力型冲击地压发生情况相符合。

3.6.3 动压诱发冲击地压分析

由于乌东煤矿南采区地层倾角为 87°~89°,为近直立煤层,采用分段开采方法、综采放顶煤开采工艺,上下分层巷道布置为在竖直方向相互重叠,采准方式上采用回采本分层掘进下分层准备巷道。因此,回采空间尤其是回采巷道不但受到自身掘进的影响,在准备下分层工作面时,还受到下分层巷道掘进的动压影响;不但受到本分层回采的动压影响,还受到上分层工作面回采的动压影响,因此巷道围岩受到 4 次动压扰动影响。该矿采用水平分段综合机械化放顶煤开采工艺,割煤 3 m,放煤 22 m,采放比超过 1:7。由于顶煤硬度较大,放煤高度大,为提高冒放性和采出率,往往采用液压支架升降顶压作用、放炮震动和注水等方法来破碎和软化煤层,增大了对周围岩体的扰动作用,而处于正下方或者本分层巷道,受到多重动压的影响。巷道在扰动作用下,以及在围岩处于高应力状态下,这种动压加卸载作用对于三面为煤的回采巷道围岩稳定性具有显著的不利影响。

根据冲击地压能量机理,当煤岩体系统在高应力条件下存储大量应变能时,系统势能处于较高状态,即处于非稳定平衡状态,易发生失稳破坏;当该系统破坏时所释放的能量大于所消耗的能量,则多余的能量以动能的形式释放[144]。

如图 3-37 所示,采矿活动开挖后引起应力集中,导致部分煤岩体处于高应力状态,随着围岩应力和能量的增加,围岩处于亚稳定状态。若应力继续升高,煤岩体自身不具有存储较大弹性能的性质,且弹性能释放是缓慢的,则不会形成冲击地压,而以缓慢型破坏为主;若煤岩体具有较高的弹性模量,能够存储较大弹性能,且其动态破坏时间较小,当系统达到能量临界破坏状态时,多余弹性能突然释放,则往往形成冲击显现。若在动力扰动作用下,处于亚稳定状态的煤岩体系统能量可能会突然升高,达到或超过临界状态,则发生冲击地压可能性大。

巷道单元体在围岩应力作用下发生弹性形变,从而在岩体内部聚集弹性能量,弹性能在岩石的力学行为中扮演重要的角色。岩石变形破坏释放的能量全部来自前期聚集在其内部的弹性变形能。这些能量数值上等于外力在相应位移上所做的功。当外界条件达到临界后,这种变形能将转换为其他形式的能量。这些能量是岩石发生动力现象的源动力。

假设在巷道围岩内部取一边长为 a 的立方体单元,其内部为各向同性,所受三向应力分别为 σ_x、σ_y 和 σ_z,对应的应变分别为 ε_x、ε_y 和 ε_z。根据弹性力学理论,其弹性变形能为

$$E = \int \frac{1}{2}\sigma_i\varepsilon_i \mathrm{d}V = \int \frac{1}{2}(\sigma_x\varepsilon_x + \sigma_y\varepsilon_y + \sigma_z\varepsilon_z)\mathrm{d}x\mathrm{d}y\mathrm{d}z$$

$$= \frac{a^3}{2K}(\sigma_x^2 + \sigma_y^2 + \sigma_z^2)$$

(3-7)

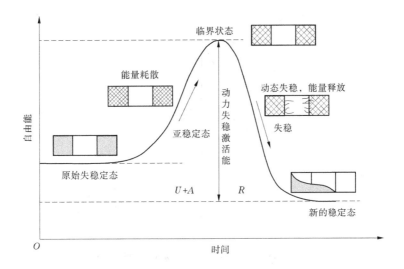

图 3-37　煤岩冲击地压失稳过程中的能量变化

根据弹性理论,弹性段动静组合加载符合线性叠加原理[145],当围岩岩体受到回采动压、地震等外界因素扰动后,形成动静组合应力形式,假若 σ_x 方向受扰动应力 σ_r 作用,则

$$\sigma_x^* = \sigma_x + \sigma_r \tag{3-8}$$

$$\sigma_y^* = \sigma_y + \frac{\mu}{1-\mu}\sigma_r \tag{3-9}$$

$$\sigma_z^* = \sigma_z + \frac{\mu}{1-\mu}\sigma_r \tag{3-10}$$

μ 为岩体泊松比。单元体内弹性变形能近似为

$$E^* = \frac{a^3}{2K}(\sigma_x^{*2} + \sigma_y^{*2} + \sigma_z^{*2}) \tag{3-11}$$

则此时岩体弹性应变能密度为

$$e^* = \frac{1}{a^3}E^* = \frac{1}{2K}\left[(\sigma_x + \sigma_r)^2 + (\sigma_y + \frac{\mu}{1-\mu}\sigma_r)^2 + (\sigma_z + \frac{\mu}{1-\mu}\sigma_r)^2\right] \tag{3-12}$$

因此,当岩体应力水平达到一定程度时,岩体内聚集较高弹性变形能。此时,受到强烈的外界扰动施加动压时,其变形能将会随之增加。当聚集的能量超过破坏所需能量时,岩体将会破坏,若破坏释放能量大于消耗能量,则多余能量以动能的形式释放。若岩体具有存储较高弹性能的性质,当突然释放时,即形成岩爆或冲击地压。如图 3-38 所示,在动压作用下,应力 σ 突然增加至 σ',该作用使巷道单元岩体集聚的能量较静力状态下增加 A_E。此时若达到或超过冲击的临界值,则冲击地压发生。进一步表示为

$$\Delta E' = E' - A_E = A_S + A_E - A_X > 0 \tag{3-13}$$

式中　A_S——破坏前积聚的变形能;

　　　A_X——破坏后耗损变形能。

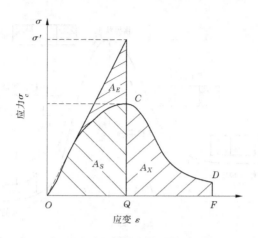

图 3-38　动静组合冲击能量模型

3.7　近直立煤层力矩型冲击地压

根据现场 B3 巷道冲击地压破坏情况,巷道破坏具有较明显的方向性,由 B3 巷道岩帮即 B3 煤层底板向巷道空间冲击。而根据数值分析结果可知,B3 底板岩层区域为压应力降低区,发生压应力型冲击的可能性小。进一步分析可知,在 B3+6 煤层存在煤柱的情况下,B3 底板岩层垂向应力出现拉应力区,而在 B2 顶板岩层,即中间岩柱体靠近 B2 煤层一侧出现较高的压应力。同时通过对中间岩柱体进行位移监测发现,中间岩柱体向 B1+2 采空区产生较大水平位移,在深度为 100 m 处位移达到 600 mm。

以上现象,符合岩柱体发生弯曲时的应力分布和位移变化,因此本书认为中间岩柱体发生了弯曲作用,而其固定底座就是开采水平以下的两组煤层。而造成岩柱体发生弯曲作用的原因为,中间岩柱体岩性多为坚硬粉砂岩,煤体采出后仍表现为较好的完整性,同时其厚度不大,尤其是在井田东部其厚度仅为 50~60 m,具有发生弯曲变形的可能性。在受到 B3+6 煤层煤柱的推力和自重分力的共同作用下,在 +500 水平开采深度达到 350 m 情况下,350 m 的垂高和水平不平衡力作用力使得在岩柱体底部形成力矩放大作用,导致岩柱体的弯曲,从而在岩柱体靠近 B3 煤层侧形成拉应力,而在 B2 煤层侧形成压应力,同时在岩柱体底部形成弯曲应变能量。

3.7.1　岩柱体受力分析

当两侧煤层开采到一定深度以后,岩柱体存在一定的倾角,在自身重力 G 和煤柱侧向压力的作用下发生弯曲。对岩柱体进行受力分析,研究岩柱体弯曲作用和能量聚集与分布特征。

由于动力现象多发生在 B3+6 煤柱附近,选取具有煤柱段,将开采水平以上中间岩柱体作为研究对象,开采水平以下为固定支座;由于岩柱两边都已开采到一定深度,并考虑对称性,将该空间岩柱简化为悬臂梁模型计算,如图 3-39 所示。

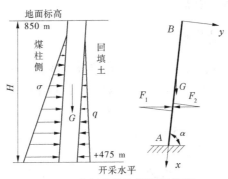

图 3-39　中间岩柱体悬臂梁模型

岩柱体倾角为 α,竖直方向受重力 G 的作用,水平方向受到 B3+6 煤柱挤压力 σ 和 B1+2 采空区回填土侧压力 q,σ 由地应力引起,q 由回填土水平侧压力引起,两者都随深度的增加呈线性增加趋势;将其等效为集中载荷 F_1、F_2 分别作用在岩柱体固定端 1/3 处,G 为岩柱体走向单位长度重力,开采水平垂直埋深为 H,岩柱体斜高为 L。

从悬臂梁自由端 B 开始,取一段长度为 x 的梁,利用截面法进行计算,则在 x 处垂直于梁的合力为

$$F(x) = \frac{\sigma\sin\alpha}{2L}x^2 - \frac{q\sin\alpha}{2L}x^2 + \gamma\cos\alpha x \qquad (3\text{-}14)$$

式中,$L=H/\sin\alpha$。

其弯矩方程为

$$M(x) = \frac{\sigma\sin\alpha}{6L}x^3 - \frac{q\sin\alpha}{6L}x^3 + \frac{\gamma\cos\alpha}{2}x^2$$

$$= \frac{\sin\alpha}{6L}(\sigma - q)x^3 + \frac{\gamma\cos\alpha}{2}x^2 \quad (x \leqslant H) \qquad (3\text{-}15)$$

由此可见,开采深度 H 越大,则 x 最大值越大,中间岩柱体在开采水平附近引起的弯矩越大,即弯曲效应越大。

岩柱体发生弯曲后,在岩体内形成弹性能的聚集。根据材料力学[11],岩柱体内部弹性能量公式为

$$V_\varepsilon = \int_L \frac{M^2(x)}{3EI}\mathrm{d}x \qquad (3\text{-}16)$$

式中　E——弹性模量;

　　　I——惯性矩。

将式(3-15)代入式(3-16)并积分,可得到单位长度岩柱体弯曲应变能量方程如下:

$$V_\varepsilon = \frac{\dfrac{\sin^4\alpha(\sigma - q)^2}{252H^2}x^7 + \dfrac{1}{5}\left(\dfrac{\gamma\cos\alpha}{2}\right)^2 x^5 + \dfrac{\gamma\sin^2\alpha\cos\alpha}{36H}(\sigma - q)x^6}{3EI} \qquad (3\text{-}17)$$

由单位长度岩柱体弯曲应变能量方程可知,弯曲应变能量与开采深度、水平地应力大小,以及岩柱体倾角有关。在其倾斜角度不变的情况下,岩柱体弯曲应变能量随开采深度

和水平地应力的增大而急剧增大。

3.7.2　岩柱体弯曲能量分析

根据地应力和岩石力学性质测试结果,并结合现场实际情况,式(3-17)中取 $H = 375$ m, $\alpha = 87°$, $\sigma = \sigma_H \sin 82°$, $E = 15$ GPa, $\gamma = 27$ kN/m³ 回填土侧压为

$$q = \gamma' \mu / (1 - \mu) \tag{3-18}$$

式中　γ'——回填土容重,取 16.5 kN/m³;

　　　μ——回填土泊松比,取 0.4。

将以上数据代入式(3-17),可得到近直立岩柱体弯曲应变能 U 的分布特征曲线,如图 3-40 所示。在水平非对称载荷和自身重力作用下,岩柱体内储存大量的弯曲应变能,且随岩柱体深度增大为非线性分布,开采深度越大,应变能增加越快。以开采深度 375 m 为例,弯曲应变能主要集中在开采水平上方 50 m 范围内,达到总弯曲应变能的 72.9%。岩柱体在应力作用下向 B1+2 煤层方向倾斜,因此在 B1+2 煤层顶板岩层中聚集大量压缩应变能,而在 B3+6 煤层底板岩层中聚集大量拉伸应变能。聚集大量弹性能的围岩处于亚稳定状态[146],因此受到强烈的开采扰动后,一旦发生局部失稳,则容易达到系统动力失稳的临界值,导致冲击地压的发生。

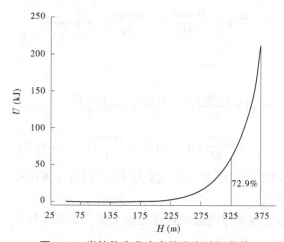

图 3-40　岩柱体弯曲应变能分布特征曲线

3.8　本章小结

通过对乌东煤矿南采区现场 3 次典型的冲击地压显现情况进行分析,得到了现场冲击地压显现特征,并深入分析了冲击地压发生的影响因素。根据现场调研情况和冲击地压影响因素的分析,采用数值模拟方法研究了围岩体中应力分布特征及其对冲击地压的影响,结合现场调研情况,提出近直立煤层冲击地压的两种类型,并加以分析。

(1)深入分析了典型冲击地压显现和对围岩的破坏情况,得到乌东煤矿南采区近直立煤层冲击地压以下特点:①冲击地压主要发生在回采巷道,并且破坏范围大;②两回采

巷道破坏形式有所不同,B6 巷道破坏更为严重,B3 巷道破坏范围更大,并在靠近 B3 煤层底板侧巷道冲击具有由南向北的方向性;③开采深度不大的情况下即发生冲击地压现象,并随开采深度增加具有加剧之势;④在上覆空间遗留煤柱附近,动压现象较为明显。

(2)分析和总结了乌东煤矿南采区近直立煤层冲击地压发生的影响因素,主要为:①开采煤层及顶底板围岩具有中等冲击倾向性;②区域地质构造及地应力;③煤层地质赋存状态及坚硬顶板;④开采水平上部遗留煤柱;⑤强烈的开采扰动等因素。

(3)由数值模拟分析其围岩应力分布特征可知,在 B3+6 煤层及其顶底板围岩范围内,应力集中主要分布在 B6 煤层及其顶板交界处开采水平以下 30~70 m 范围内,最大应力集中区在开采水平以下 50 m 处,应力集中系数达到 2.9~3.1。分析其主要原因为,B6 煤层坚硬顶板在水平不平衡力和重力作用下,发生倾斜变形,对开采水平以下煤岩体形成巨大挤压作用,形成高应力集中区。

(4)通过数值模拟可知,在 B3+6 煤层遗留煤柱区域,中间岩柱体在煤柱传递水平应力和自身重力的作用下,向 B1+2 采空区发生较大程度的倾斜变形,在其底部形成弯曲作用,造成 B3 底板岩层出现垂直拉应力现象,在岩柱体另一侧产生较大压应力区。

(5)分析了数值模拟计算结果和现场冲击地压发生特征及围岩破坏情况,提出了乌东煤矿南采区近直立冲击地压的两种类型,即坚硬顶板高应力型冲击地压和中间岩柱体力矩冲击地压。

(6)计算了开采水平以下 50 m 深度处煤岩体应变能,得到其能量分布特征。结果表明,在 B3+6 煤层无煤柱或者有煤柱下方煤层回采后,B3+6 煤层中储存大量弹性能,尤其是在 B6 煤层及其顶板交界处,应变能量聚集程度更加严重。通过岩石破坏最小能量原理和冲击地压围岩弹射速度等因素计算出冲击地压发生的临界能量密度,结果表明 B6 煤层及其顶板交界处聚集的能量达到甚至超过了临界能量密度。由 B6 煤层顶板倾斜挤压作用造成的应力集中,使得围岩中聚集了大量弹性能,为冲击地压的发生提供了能量条件。

(7)对中间岩柱体进行了受力分析,并计算了其弯曲能量分布,结果表明中间岩柱体在不平衡水平作用力和自重应力分力作用下,当开采到一定深度后,由于力矩的放大作用,在中间岩柱体内形成巨大弯曲能,尤其在开采水平以上 50 m 范围内,其弯曲能占总弯曲能的 72.9%。由冲击地压能量原理可知,围岩处于亚稳定状态,当受到强烈的扰动后,一旦发生局部失稳,则容易达到系统动力失稳的临界值,导致冲击地压的发生。

第 4 章　恒阻大变形防冲支护技术研究

阐述了恒阻大变形锚杆锚索的结构特征和技术特点。采用自主研发静力拉伸试验系统和动力冲击试验系统对恒阻锚杆索的力学性能进行测试,验证了恒阻大变形锚杆锚索具有良好的静力学特性和抗冲击的能力。论述了冲击地压的特点、对巷道围岩的破坏机理,以及冲击巷道对围岩支护的要求。从能量的观点阐明了恒阻大变形锚杆锚索防冲支护原理。

4.1　恒阻大变形锚杆锚索支护材料

4.1.1　工程大变形问题急需新型支护材料

锚杆锚索自从引入我国以来,在隧道、矿山、城市地下空间等地下工程中得到了大量应用。尤其在煤矿巷道支护中应用更加广泛,据统计我国现有煤矿超过 90% 巷道采用锚杆锚网支护,锚网支护在应力不大、岩性较好的巷道,支护效果较为良好,但是现有锚杆锚索为小变形支护材料,在高应力软岩巷道往往不能适应巷道围岩大变形控制的要求。由于其变形量较小,施加较大预应力的同时消耗一部分有效伸长量,当围岩发生变形时,普通锚杆不能够提供更大的变形,从而发生被拉断等现象,因此该锚杆锚索在使用过程中不能施加较大的预应力,这就大大降低了其作为主动支护形式的支护效果。对于冲击地压巷道,由于冲击作用使得巷道瞬间产生冲击大变形,巷道变形量和围岩压力均可能超过普通锚杆锚索的承受范围,从而导致支护失效,造成巷道破坏。现有的支护材料不能满足工程大变形稳定性要求,其根本原因是,现有普通支护材料为小变形材料,因此对于工程大变形问题急需大变形的工程材料。

针对这种情况,国内外学者及相关技术人员,积极研发变形量大或伸长率大的锚杆锚索。根据国内外研究现状可知,国外相关学者采用特殊结构等形式,研发了较大变形量的锚杆,但是由于现有钢材材料本身的性能限制,无法达到较大变形量与支护阻力相统一的效果。基于大变形高阻力以及变形吸能的思想,我国科学院何满潮院士于 2009 年研发了第一代恒阻大变形锚杆锚索支护材料,该锚杆锚索具有 130 kN 的恒定支护阻力。通过不断努力继而研发了第二代恒阻大变形锚杆锚索,该新型恒阻锚杆具有 200 kN 的恒定阻力,恒阻锚索能够达到 350 kN 的恒定阻力,且在保持阻力恒定的同时,其变形量均可以达到或超过 1 000 mm,一般现场工程情况设计变形量为 300 mm。

4.1.2　恒阻大变形锚杆锚索的结构组成

新型恒阻大变形锚杆锚索的结构组成与普通锚杆锚索类似,仅多了一个恒阻拉伸装置,即恒阻器。恒阻器具有特殊的力学性能,也是新型恒阻大变形锚杆锚索与普通锚杆锚索的最大区别之处,如图 4-1 所示。

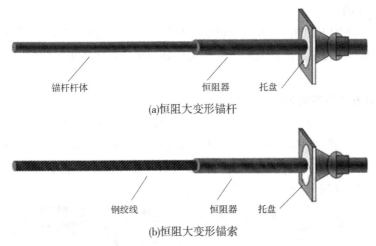

(a)恒阻大变形锚杆

(b)恒阻大变形锚索

图 4-1　恒阻大变形锚杆锚索示意图

恒阻大变形锚杆锚索主要结构组成如图 4-1 所示。与普通锚杆锚索相比,其不同点在于结构组成中存在恒阻器。恒阻器和托盘螺母或者托盘锁具相配套,安置于恒阻锚杆的尾部。

使新型恒阻大变形锚杆锚索能够产生恒阻大变形功能的装置为恒阻器,其在围岩受到冲击作用产生大变形对锚杆锚索产生拉应力时,能够根据冲击变形能量的大小自动产生相应的拉伸滑移,并在该过程中保持恒定不变的支护阻力,从而吸收巷道围岩的冲击变形能量,控制围岩大变形破坏。

4.1.3　恒阻大变形锚杆锚索技术的特点

(1)该恒阻大变形锚杆锚索变形量可达 300~1 000 mm,能够在其轴向产生大变形而不断。实际工程中采用设计变形量为 300 mm 的恒阻锚杆锚索。

(2)该恒阻大变形锚杆锚索具有负泊松比效应,其拉伸以后直径变粗。

(3)该恒阻大变形锚杆锚索在具有拉伸大变形的同时,能够保持恒定工作阻力,当受到静力拉伸或冲击时,其轴向阻力基本保持恒定。

(4)当受到冲击作用时,该恒阻大变形锚杆锚索可根据冲击能量的大小自动产生相应的拉伸滑移。

(5)既能产生大变形,又能在变形时保持恒定的工作阻力,使得该恒阻大变形锚杆锚索具有较强的吸收能量能力,是一种变形吸能锚杆锚索。

4.2　恒阻大变形锚杆锚索静力学特性试验研究

4.2.1　试验目的、方法及设计

4.2.1.1　试验目的

为验证静力作用下恒阻大变形锚杆(索)锚索恒阻力学特性,得到恒阻锚杆锚索静力拉伸时其工作阻力值,以及拉伸变形工作阻力曲线,同时研究其变形特性,进行静力学拉伸试验研究。

4.2.1.2　试验方法及实验设备

采用准静态拉伸方法,对恒阻大变形锚杆进行缓慢拉伸。试验设备采用 LEW-500 型锚杆(索)大变形静力学拉伸试验系统进行试验,该系统最大拉力为 2 000 kN,动态记录拉伸位移及拉伸阻力数据,通过相关软件和显示设备可以实时显示拉伸曲线,并绘图。该试验系统如图 4-2 所示。

图 4-2　恒阻大变形锚杆(索)试验系统

4.2.1.3　试验设计

在 LEW-500 型锚杆(索)大变形静力学拉伸试验系统中,采用位移控制对恒阻大变形锚杆(索)进行拉伸试验。为研究不同位移速率下的静力学拉伸力学性能,采用 10 mm/min、20 mm/min、50 mm/min 和 100 mm/min 四种位移速率对恒阻大变形锚杆进行试验,每种速率试验试件两个,恒阻大变形锚杆采用 20 mm/min 位移速率进行拉伸试验。

4.2.1.4　测试数据

测试恒阻大变形锚杆锚索在不同速率拉伸作用下的工作阻力、拉伸变形量,得到其变形量和工作阻力两者之间的关系曲线。

4.2.2　恒阻大变形锚杆试验过程及试验结果分析

恒阻大变形锚杆试验前后试件如图 4-3 所示,试验过程如图 4-4 所示,各试件的物理参数如表 4-1 所示。试验过程描述如表 4-2 所示。

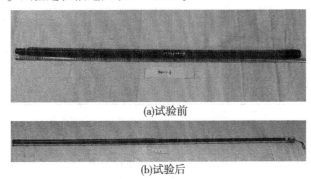

(a)试验前

(b)试验后

图 4-3　恒阻大变形锚杆试件

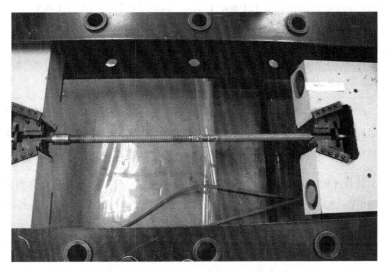

图 4-4　恒阻大变形锚杆拉伸试验过程

表 4-1　试件基本物理参数

锚杆编号	锚杆长度(mm)	恒阻器长度(mm)	筒厚(mm)
MG2-1-2	1 264	1 203	3
MG2-1-3	1 259	1 204	3
MG2-1-4	1 264	1 200	3

续表 4-1

锚杆编号	锚杆长度(mm)	恒阻器长度(mm)	筒厚(mm)
MG2-1-5	1 262	1 201	3
MG2-1-6	1 257	1 200	3
MG2-1-7	1 257	1 202	3
MG2-1-8	1 258	1 202	3
MG2-1-9	1 257	1 202	3

表 4-2　试验过程描述

编号	试验过程描述
MG2-1-1	试验过程采用闭环控制。开始以 20 mm/min 的速率加载,一直持续到试验结束。恒阻值在 180 kN 上下波动,最大值为 249.00 kN,此时位移为 1 043.72 mm;最大拉伸力为 249.00 kN,最后伸长量为 1 206.32 mm。整个试验过程中没有声音
MG2-1-2	试验过程采用闭环控制。开始以 10 mm/min 的速率加载,一直持续到试验结束。恒阻值在 180 kN 上下波动,最大值为 224.20 kN,此时位移为 40.95 mm;最大拉伸力为 224.20 kN,最后伸长量为 1 162.71 mm。整个试验过程中没有声音
MG2-1-3	试验过程采用闭环控制。开始以 10 mm/min 的速率加载,一直持续到试验结束。恒阻值在 190 kN 上下波动,最大值为 233.50 kN,此时位移为 54.97 mm;最大拉伸力为 233.50 kN,最后伸长量为 1 180.01 mm。整个试验过程中没有声音
MG2-1-4	试验过程采用闭环控制。开始以 20 mm/min 的速率加载,一直持续到试验结束。恒阻值在 180 kN 上下波动,最大值为 229.50 kN,此时位移为 45.51 mm;最大拉伸力为 229.50 N,最后伸长量为 1 172.20 mm。整个试验过程中没有声音
MG2-1-5	试验过程采用闭环控制。开始以 20 mm/min 的速率加载,一直持续到试验结束。恒阻值在 180 kN 上下波动,最大值为 225.90 kN,此时位移为 37.759 mm;最大拉伸力为 225.90 N,最后伸长量为 1 170.11 mm。整个试验过程中没有声音
MG2-1-6	试验过程采用闭环控制。开始以 50 mm/min 的速率加载,一直持续到试验结束。恒阻值在 190 kN 上下波动,最大值为 243.50 kN,此时位移为 47.84 mm;最大拉伸力为 243.50 kN,最后伸长量为 1 186.43 mm。整个试验过程中没有声音
MG2-1-7	试验过程采用闭环控制。开始以 50 mm/min 的速率加载,一直持续到试验结束。恒阻值在 180 kN 上下波动,最大值为 222.50 kN,此时位移为 42.83 mm;最大拉伸力为 222.50 N,最后伸长量为 1 177.15 mm。整个试验过程中没有声音

续表 4-2

编号	试验过程描述
MG2-1-8	试验过程采用闭环控制。开始以 100 mm/min 的速率加载,一直持续到试验结束。恒阻值在 180 kN 上下波动,最大值为 236.60 kN,此时位移为 44.20 mm;最大拉伸力为 236.60 kN,最后伸长量为 1 178.54 mm。整个试验过程中没有声音
MG2-1-9	试验过程采用闭环控制。开始以 100 mm/min 的速率加载,一直持续到试验结束。恒阻值在 170.00 kN 上下波动,最大值为 217.80 kN,此时位移为 40.23 mm;最大拉伸力为 217.80 N,最后伸长量为 1 163.86 mm。整个试验过程中没有声音

恒阻大变形锚杆静力学拉伸试验数据,如表 4-3 所示。

表 4-3　恒阻大变形锚杆静力学拉伸试验数据

编号	试件形状	试件长度（mm）	最大拉伸力（kN）	最后伸长量（mm）	恒阻值范围（kN）	说明
MG2-1-2	圆材	1 264	224.20	1 162.71	170~190	拉出
MG2-1-3	圆材	1 259	233.50	1 180.01	170~200	拉出
MG2-1-4	圆材	1 264	229.50	1 172.10	170~190	拉出
MG2-1-5	圆材	1 262	225.90	1 170.11	160~180	拉出
MG2-1-6	圆材	1 257	243.50	1 186.43	170~210	拉出
MG2-1-7	圆材	1 257	222.50	1 177.15	170~190	拉出
MG2-1-8	圆材	1 258	236.60	1 178.54	170~190	拉出
MG2-1-9	圆材	1 257	217.80	1 163.86	170~190	拉出

测试锚杆力与位移曲线如图 4-5 所示。

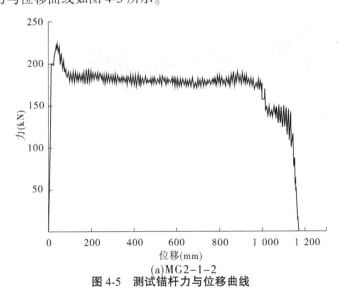

(a)MG2-1-2

图 4-5　测试锚杆力与位移曲线

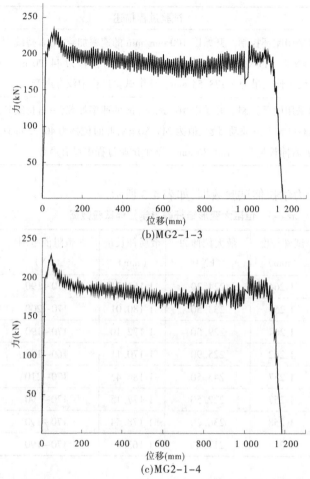

(b)MG2-1-3

(c)MG2-1-4

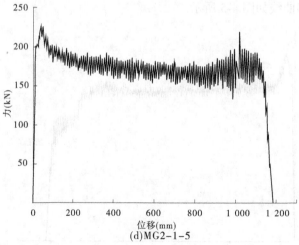

(d)MG2-1-5

续图 4-5

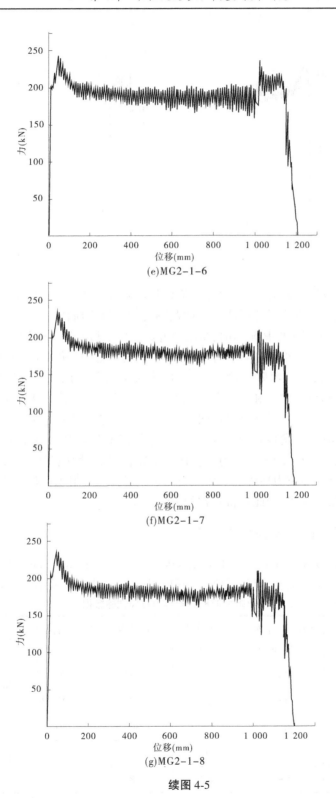

(e)MG2-1-6

(f)MG2-1-7

(g)MG2-1-8

续图 4-5

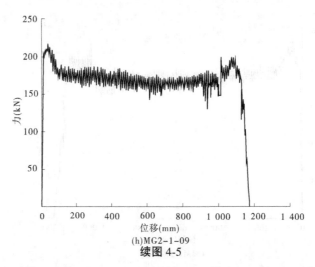

(h)MG2-1-09

续图 4-5

由恒阻大变形锚杆静力学拉伸试验力与位移曲线可知,在拉伸开始阶段,恒阻大变形锚杆工作阻力急剧上升,说明锚杆杆体在弹性范围内处于增阻阶段。当拉伸力达到并克服恒阻器产生拉伸滑移变形摩擦阻力时,恒阻器开始产生滑移变形,锚杆阻力曲线呈现上下震荡形态,但震荡范围较小,整体处于恒定的工作阻力状态,该阶段为恒阻阶段。最终拉伸长度达到恒阻器长度时恒阻器脱离,工作阻力降低为零。该试验中恒阻器长度为1 200 mm,以上 8 个试验在增阻和恒阻范围内最终拉伸长度平均值为 1 173.8 mm,说明恒阻大变形锚杆具有较大的拉伸变形量,同时具有较大恒定支护阻力的性质。对比 4 个组不同拉伸速率试验曲线,发现并没有较大差异,均为增阻、恒阻和阻力降低阶段,表明该恒阻大变形锚杆具有适应不同速率静力拉伸作用的特性,该特性说明恒阻大变形锚杆索具有适应不同围岩特性和应力环境的工作能力。恒阻锚杆在增阻和恒阻阶段拉伸曲线中呈现几乎为理想弹塑性曲线,因此具备超常的力学性能。

4.2.3　恒阻大变形锚索试验结果分析

该批次恒阻器长度为 500 m,有效长度为 400 mm。采用 20 mm/min 的位移控制,对恒阻大变形锚索进行拉伸试验,得到试验数据和拉力位移曲线。试验结果如表 4-4 所示。

表 4-4　恒阻大变形锚索静力拉伸试验数据

编号	试件长度 (mm)	恒阻器有效 长度(mm)	最后伸长量 (mm)	恒阻段长度 (mm)	恒阻值范围 (kN)	说明
MS2-1-1	1 503	400	399.9	287	350~423	拉出
MS2-1-2	1 500	400	405	292	345~365	拉出
MS2-1-3	1 264	400	383	300	330~362	拉出
MS2-1-4	1 262	400	376	303	320~382	拉出
MS2-1-5	1 257	400	373	285	310~372	拉出

　　如图 4-6 所示,该批次恒阻器长度为 500 m,有效长度为 400 mm,恒阻大变形锚索增阻阶段位移一般在 40 mm 左右,进入恒阻阶段恒阻力一般在 350 kN 左右,该增阻和恒阻段拉伸总位移及有效整支护变形长度达到 330 mm,在有效支护长度范围内,恒阻大变形锚索工作阻力曲线同样几乎为理想弹塑性曲线。

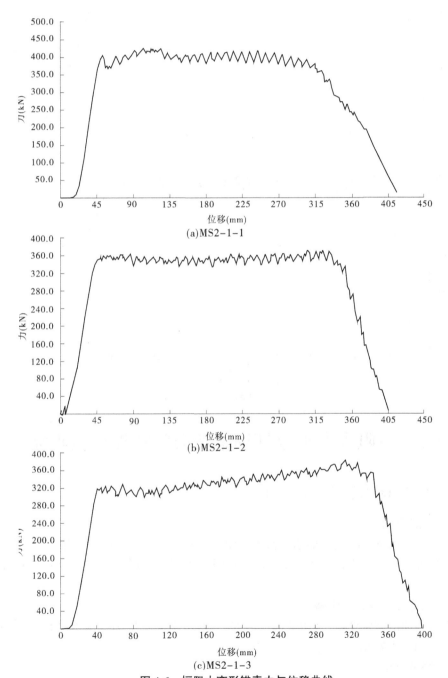

图 4-6　恒阻大变形锚索力与位移曲线

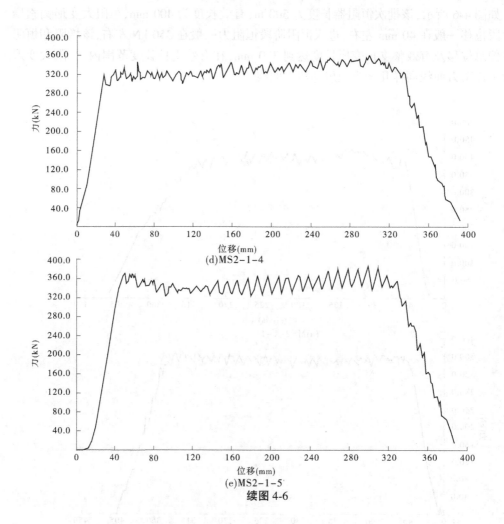

(d)MS2-1-4

(e)MS2-1-5

续图4-6

4.3 恒阻大变形锚杆锚索动力学特性试验研究

4.3.1 动力试验目的、方法及设计

4.3.1.1 试验目的

研究动力作用下恒阻大变形锚杆锚索恒阻力学特性,得到恒阻锚杆锚索受到动力冲击时其拉伸变形工作阻力曲线及工作阻力值,同时研究其变形特性,进行动力冲击试验研究。

4.3.1.2 试验方法及试验设备

利用锚杆冲击试验设备,采用落锤冲击方法,对恒阻大变形锚杆锚索进行动力冲击。该试验系统如图4-7所示。

4.3.1.3 测试数据

通过对恒阻大变形落锤冲击试验,测试恒阻大变形锚杆相关性能指标。主要包括锤

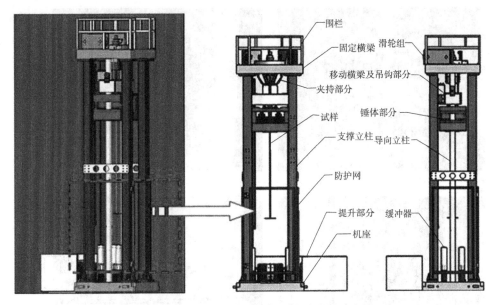

围栏
固定横梁　滑轮组
移动横梁及吊钩部分
夹持部分
试样　　　锤体部分
支撑立柱　导向立柱
防护网
提升部分　缓冲器
机座

图 4-7　恒阻大变形锚杆（索）冲击试验系统

体冲击能量、锚杆伸长量、恒阻器的冲击阻力。

4.3.2　恒阻大变形锚杆动力试验过程及试验结果分析

4.3.2.1　试验试件参数

各试件的物理参数如表 4-5 所示。

表 4-5　冲击试验恒阻大变形锚杆参数

编　号	锚杆全长（mm）	杆体长度（mm）	套筒长度（mm）	套筒直径（mm）	杆体直径（mm）	最大拉出量（mm）
MG-10-2	2 358	1 600	758	31.8	22	649
MG-10-3	2 350	1 600	750	32.5	22	580
MG-10-4	2 347	1 600	747	32.5	22	658

4.3.2.2　试验过程

将锤体升高到距离托盘 1 000 mm 的位置，在这个位置自由落体冲击加载。循环冲击直至锚杆锚索被冲出。冲击过程如图 4-8 所示。

4.3.2.3　试验结果

通过落锤冲击试验，得到 3 组恒阻大变形锚杆冲击试验数据（见表 4-6～表 4-8），并绘制曲线如图 4-9～图 4-11 所示。

(a)第一次冲击后锚杆拉出量

(b)第二次冲击后锚杆拉出量

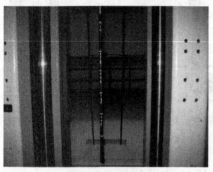
(c)最终冲击后锚杆拉出

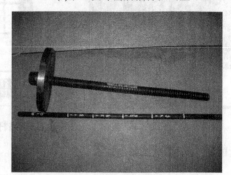
(d)锚杆完全拉出后的套筒与杆体

图 4-8　冲击过程

表 4-6　MG-10-2 冲击试验数据

冲击次数	冲击能量(J)	实测锚杆伸长量(mm)	工作阻力(kN)
1	15 000	76.3	196.592 4
2	15 000	77.5	193.548 4
3	15 000	81.2	184.729 1
4	15 000	78.9	190.114 1
5	15 000	83.0	180.722 9
6	15 000	77.9	192.554 6
7	15 000	79.0	189.873 4
8	15 000	81.0	185.185 2

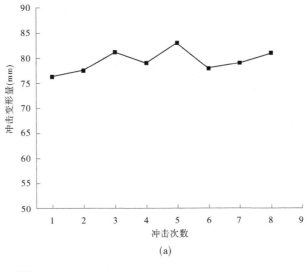

(a)

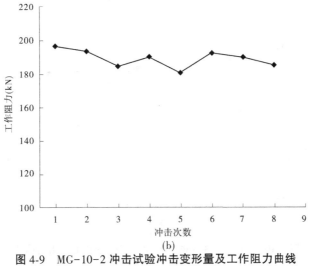

(b)

图 4-9　MG-10-2 冲击试验冲击变形量及工作阻力曲线

表 4-7　MG-10-3 冲击试验数据

冲击次数	冲击能量（J）	实测锚杆伸长量（mm）	工作阻力（kN）
1	15 000	76.3	196.59
2	15 000	77.8	192.80
3	15 000	78.6	190.83
4	15 000	80.5	186.33
5	15 000	79.0	189.87
6	15 000	82.5	181.81
7	15 000	79.9	187.73
8	15 000	80.3	186.79

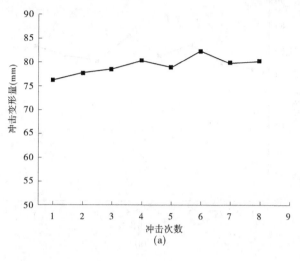

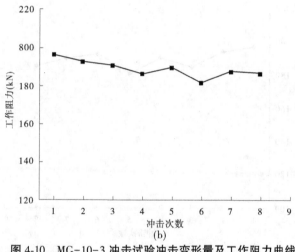

图 4-10　MG-10-3 冲击试验冲击变形量及工作阻力曲线

表 4-8　MG-10-4 冲击试验数据

冲击次数	冲击能量(J)	实测锚杆伸长量(mm)	工作阻力(kN)
1	15 000	78.3	191.57
2	15 000	83.0	180.72
3	15 000	77.5	193.54
4	15 000	78.6	190.83
5	15 000	81.4	184.27
6	15 000	79.1	189.63
7	15 000	81.0	185.18
8	15 000	83.9	178.78

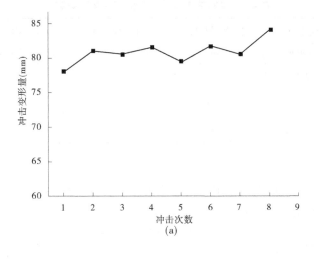

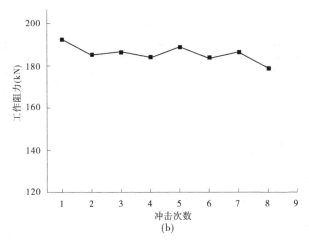

图 4-11　MG-10-4 冲击试验冲击变形量及工作阻力曲线

通过对恒阻大变形锚杆进行落锤冲击试验可知,在动力冲击作用下,恒阻大变形锚杆同样具有大变形且保持恒定阻力的特性。在冲击过程中,通过伸长滑移和恒定的工作阻力,来吸收和减弱落锤对杆体的冲击作用,并能够耐受多次的冲击作用。这一特性使得恒阻大变形锚杆在现场应用中能够减少围岩对巷道的冲击破坏,从而对冲击起到防护作用。

4.3.3　恒阻大变形锚索动力试验过程及试验结果分析

恒阻大变形锚索同样采用自由落锤进行动力学冲击试验,验证其抗冲击和吸收能量的特性。

4.3.3.1　试验试件参数

各试件的物理参数如表 4-9 所示。

表 4-9　锚索冲击试验恒阻大变形物理参数

编号	锚索全长（mm）	恒阻器长度（mm）	套筒直径（mm）	索体直径（mm）
MS-02-3	2 194	500	63	21.8
MS-02-4	2 198	500	63	21.8
MS-02-5	2 201	500	63	21.8

4.3.3.2　试验结果

通过落锤冲击试验,得到了恒阻大变形锚索冲击试验数据(见表 4-10～表 4-12),并绘制曲线如图 4-12～图 4-14 所示。

表 4-10　MS-2-3 冲击试验数据

冲击数次	冲击能量(J)	变形量(mm)	锚索冲击阻力(kN)
1	19 800	57.5	344.34
2	19 800	57.6	343.75
3	19 800	59.2	334.45
4	19 800	58.1	340.79
5	19 800	56.6	349.82
6	19 800	58.3	339.62
7	19 800	60.1	329.45
8	19 800	57.9	341.96
9	19 800	34.7(冲出)	

表 4-11　MS-2-4 冲击试验数据

冲击数次	冲击能量(J)	变形量(mm)	锚索冲击阻力(kN)
1	19 800	56.8	348.59
2	19 800	58.7	337.30
3	19 800	60.1	329.45
4	19 800	59.0	335.59
5	19 800	57.6	343.75
6	19 800	56.3	351.68
7	19 800	61.2	323.52
8	19 800	58.9	336.16
9	19 800	31.4(冲出)	

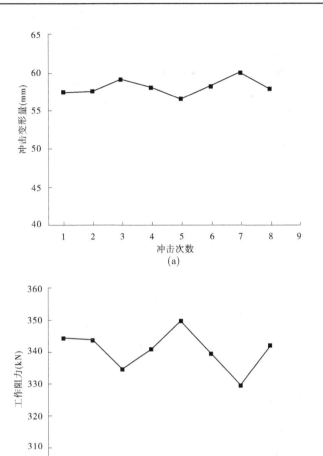

图 4-12　MS-2-3 冲击试验冲击变形量及工作阻力曲线

表 4-12　MS-2-5 冲击试验数据

冲击数次	冲击能量(J)	变形量(mm)	锚索冲击阻力(kN)
1	19 800	58.4	339.04
2	19 800	59.9	330.55
3	19 800	57.6	343.75
4	19 800	58.0	341.37
5	19 800	56.9	347.97
6	19 800	59.3	333.89
7	19 800	60.7	326.19
8	19 800	59.3	333.89
9	19 800	29.9(冲出)	

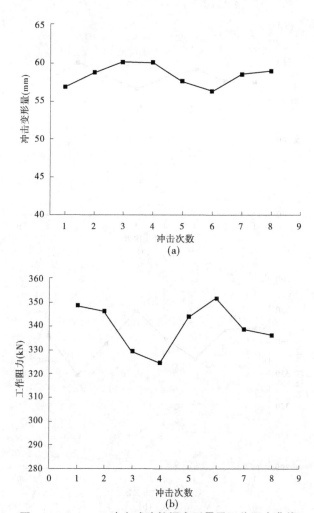

图 4-13　MS-2-4 冲击试验数据变形量及工作阻力曲线

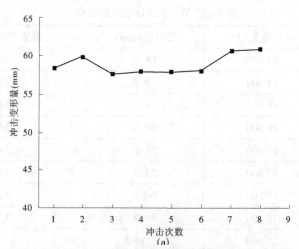

图 4-14　MS-2-5 冲击试验数据变形量及工作阻力曲线

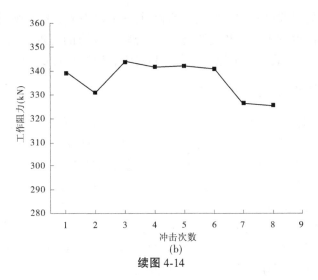

(b)

续图 4-14

通过对恒阻大变形锚索进行落锤冲击试验可知,和恒阻大变形锚杆一样,在动力冲击作用下恒阻大变形锚索,同样具有大变形且保持恒定阻力的特性。在冲击过程中,通过伸长滑移和恒定的工作阻力,来吸收和减弱落锤对杆体的冲击作用,并能够耐受多次的冲击作用,这一特性使得恒阻大变形锚索在现场应用中能够减少围岩对巷道的冲击破坏,从而对冲击起到防护作用。

4.4　恒阻大变形锚杆锚索支护防冲原理

4.4.1　冲击地压对围岩破坏特征

概括起来,我国煤矿冲击地压的主要显现特征表现在以下几个方面:

(1)突发性:冲击地压发生的前兆性往往不明显,相关学者对冲击地压研究多年,但现阶段仍无法确定冲击地压发生的充分必要条件,因此难以确定发生的时间地点,具有突发性。

(2)多样性:冲击地压发生机理具有多样性,不同的地质条件、不同的开采技术条件、不同的应力分布形态,往往造成不同的冲击机理。冲击破坏的表现形式具有多样性,如轻微破坏(煤壁破裂、煤岩抛射)、浅部破坏(破坏性大)、深部破坏等。在煤层冲击中,多数表现为煤体抛出,并伴有巨大声响、岩体震动和冲击波;在巷道冲击中,多表现为巷道帮鼓、底板抬起、顶板下沉,甚至塌方。

(3)破坏性:由于冲击地压能量瞬间释放,巷道两帮冲击坍塌、顶板或底板可能有瞬间明显下沉和抬起,有时底板突然鼓起甚至接顶;从后果来看,冲击地压往往造成人员伤亡和巨大的生产损失。

(4)复杂性:在地质条件上,几乎各种地质条件都有冲击地压发生的记录。在开采方法上冲击地压发生的情况几乎涵盖了现今所有采煤方法和工艺。开采深度 200~1 000 m 处均有冲击地压发生。同时冲击地压对巷道围岩的破坏具有复杂性,表现为不同的冲击,即使冲击能量相同,对巷道的破坏形式也不相同,比如轻微的表现为弹射、碎屑散落,严重的表现为巷道闭合、塌方等。这和震源类型、震源距离巷道的远近、围岩性质以及围岩支护情况等因素有关。因此。冲击地压的发生和对围岩破坏具有复杂性。

4.4.2　冲击地压对围岩支护要求

冲击地压导致围岩瞬间产生冲击大变形,在冲击过程中释放巨大能量并伴随围岩的大量体积膨胀,因此支护系统应基于载荷—位移的特性,具有一定的抵抗力的同产生足够的位移,同时适应膨胀大变形和吸收冲击垮塌引起的能量释放。支护系统各组件间相互兼容,消除系统薄弱环节,保持足够的整体强度和刚度,将冲击能量转化到主要支护组件中,其主要组件应具备屈服大变形和足够的吸能能力[147]。冲击矿压对支护系统的功能要求是必须能瞬间吸收一定的冲击动能,提供适当的让压变形量,并且在快速变形的同时保持恒定的阻力,控制围岩猛烈破坏,起到缓冲吸能的作用,即防冲支护系统同时具备高支护强度、变形让压、恒定阻力和瞬间吸收冲击能量的性质。

4.4.3　恒阻大变形锚杆锚索防冲支护机理

巷道围岩支护机理非常复杂,至今仍没有一套完整的支护理论和模型能够充分解释支护和围岩之间的相互作用。P K Kaiser 等[148]总结了支护系统的三项功能:

(1)加固:改善围岩应力状态,加固围岩。

(2)挡护:挡住受损围岩,防止关键块体滑落及围岩破坏向深部发展。

(3)稳固:拉住关键块体,保证挡护构件稳定。

通过对恒阻大变形锚杆锚索静力和动力学性能试验可知,其不但具有恒定的较高的支护阻力,而且同时能够产生大变形。恒阻大变形锚杆锚索不仅具有以上三项功能,还能够吸收大量的能量,因此恒阻大变形锚杆锚索在冲击地压巷道支护中具有良好的防护功能。

4.4.3.1　恒阻大变形锚杆锚索围岩支护原理

(1)开挖后及时支护。

当巷道或岩体开挖后,开挖周围围岩应力发生重新分布,开挖表面岩石处于两向应力状态,围岩整体强度降低;同时由于施工扰动等因素,围岩产生塑性区,其整体强度进一步降低。此时,及时对为岩体施加高预应力的锚杆锚索主动支护,恒阻大变形锚杆锚索预应力分别为 150 kN 和 300 kN,给开挖表面围岩增加了一向应力,使两向应力状态变为三向,改善围岩应力状态,提高围岩整体强度。

(2)围岩变形过程中恒阻大变形锚杆锚索拉伸变形吸收能力。

当巷道围岩受到静力或者冲击动力作用产生缓慢或冲击大变形时,恒阻锚杆锚索首先通过自身的支护阻力,对围岩表面岩体提供一个应力边界条件,阻止围岩产生大变形。当围岩对锚杆锚索压力达到锚杆锚索恒阻值时,恒阻大变形锚杆锚索恒阻器在保持支护阻力不变的同时开始产生滑移变形,吸收能量,给围岩适当让压,减小围岩压力。

(3)围岩压力减小,恒阻器停止变形,围岩保持稳定。

当恒阻器拉伸变形让压吸能后,围岩应力降低,对锚杆锚索压力降低。当压力降低至小于恒阻值时,恒阻器停止拉伸变形,并保持较高的支护阻力,限制围岩进一步变形,阻止围岩松动区和塑性区向岩体内部发展,避免巷道关键部位破坏,从而达到巷道稳定性控制的目的。恒阻大变形锚杆锚索支护原理如图 4-15 所示。

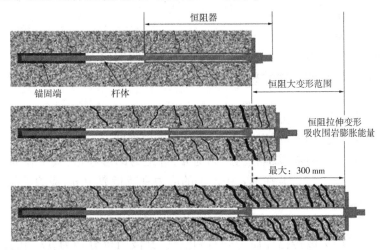

图 4-15　恒阻大变形锚杆锚索支护原理[6]

4.4.3.2　恒阻大变形锚杆锚索高强支护防冲原理

现有普通锚杆锚索作为一种主动支护材料,其支护形式具有一定先进性,但是由于其为应变硬化材料,且伸长率较小,因此在使用过程中,限制了施加其最大预应力,造成主动支护强度有所减弱,对于冲击大变形问题其支护效果不够理想。通过恒阻大变形锚杆锚索静力学和动力学试验可知,其具有特殊的力学性能,其静力拉伸曲线几乎为理想弹塑性曲线。当达到恒阻值后,在保持恒定阻力的同时恒阻器拉伸大变形,同时让压吸能,即使初始施加较大预应力,恒阻锚杆锚索也不会产生破断。恒阻大变形锚杆锚索初始支护时可以施加较高预应力,恒阻锚杆预应力达到 150 kN,恒阻大变形锚索预应力达到 28~30 kN,为一般现有锚杆锚索预应力的 2 倍,因此在同等支护面积情况下,其支护强度为普通锚杆锚索支护强度的 2 倍。在巷道开挖后,采用恒阻大变形锚杆锚索进行高预应力高强度的主动支护,给巷道表面围岩提供一个巷道径向应力边界条件,改善围岩体的力学参数,提高围岩体的力学性能和承载能力,能够有效地提高巷道围岩整体的强度和稳定性。

1. 提高围岩黏聚力

高预应力锚杆锚索支护可以提高围岩黏聚力,锚杆锚索主要通过轴向力对围岩起到加固作用,增加围岩层之间的压应力、摩擦力,减小围岩裂隙,来提高围岩的黏聚力,同时锚杆具有一定的抗剪能力,对围岩的剪切变形和切向位移具有一定的约束作用。假设锚固剂黏聚力和围岩的相同,锚固围岩体黏聚力 c 可表示如下:

$$c = c_r + nS(c_b - c_r) + \sigma_b \tan\varphi \qquad (4-1)$$

式中　　c——锚固围岩体黏聚力;

　　　　n——锚杆个数;

　　　　c_r——未锚固围岩体黏聚力;

　　　　c_b——锚杆黏聚力;

σ_b——锚杆对围岩轴向压应力；

φ——岩体内摩擦角。

由式(4-1)可知,在锚杆材质一定的情况下,提高其锚杆支护强度即σ_b,能够增加围岩的黏聚力。

2. 提高抗压强度

当岩体处于三向应力状态时,其强度大于单轴或两向应力状态,采用锚杆主动支护后,改善围岩应力状态,使其处于三向应力状态,增加巷道径向应力。根据摩尔库伦强度准则:

$$\sigma_1 = [(1 + \sin\varphi)/(1 - \sin\varphi)]\sigma_3 + 2c\cos\varphi/(1 - \sin\varphi) \qquad (4-2)$$

可见,增加锚杆支护力和围岩围压,可以提高围岩强度。

假若冲击地压震源与巷道中心的距离为d,巷道为圆形巷道,其半径为r,震源处应力波产生的应力为σ_d,应力波在围岩中产生的应力衰减指数为η,应力波从冲击震源穿到巷道表面A点,由应力波传播理论,A点处由冲击应力而引起的应力为

$$\sigma_A = \sigma_d(d - r)^{-\eta} \qquad (4-3)$$

巷道表面两种应力波传播介质为岩石和空气,其波阻抗分别为$\rho_r\nu_r$和$\rho_k\nu_k$,由应力波在两种介面反射和投射定律可知,应力波在巷道表面产生的透射波和反射波产生的应力为

$$\sigma_{Af} = \sigma_A F_A \qquad (4-4)$$

$$\sigma_{At} = \sigma_A T_A \qquad (4-5)$$

式中,$F_A = \dfrac{1 - n_A}{1 + n_A}$；$T_A = \dfrac{2}{1 + n_A}$；$n_A = \dfrac{\rho_r\nu_r}{\rho_k\nu_k}$。

由于巷道表面介质分别是岩石和空气,空气波阻抗很大,所以n_A值极大,F_A的值约为-1,T_A值约等于0,即应力波在巷道围岩表面投射波几乎为零,冲击波几乎全部反射为拉应力波,应力数值几乎仍保持σ_A不变,即冲击波对巷道表面围岩产生应力强度为σ_A。因此,围岩在原有应力σ_r和冲击波应力叠加大于围岩强度σ_m时,巷道发生失稳破坏。当满足下列条件时巷道围岩即发生破坏:

$$\sigma_d(d - r)^{-\eta} + \sigma_r \geqslant \sigma_m \qquad (4-6)$$

该式即为巷道在无支护情况下受冲击震动发生破坏的判据。这种破坏过程为冲击波作用造成巷道表面围岩发生层裂破坏,同时形成新的自由面,随后后续的冲击波在新的自由面形成应力作用,造成新的层裂,如此循环,使巷道发生破坏。由式(4-6)可知,围岩受冲击破坏的因素,除与震源因素有关外,还和巷道围岩强度有关。

在有锚杆锚索强力支护的情况下,σ_m值增大,即巷道围岩体强度得到提高,使巷道围岩不易发生破坏,同时支护对巷道围岩径向提供应力边界条件,阻止应力波对围岩产生更深的层裂破坏。因此,对巷道进行适当支护,可以一定程度上抑制冲击地压对巷道围岩的冲击破坏。恒阻大变形锚杆锚索,在巷道开挖后支护初期即对巷道围岩施加相较一般锚杆锚索2倍的预应力,支护体和围岩形成了更为强有力的承载结构,减少了巷道围岩离层的产生,有效保持了巷道初期的稳定性,增强了巷道围岩体强度和支护效果,同时提高了巷道抗震作用。

4.4.3.3 恒阻大变形锚杆锚索大变形支护防冲原理

冲击地压是岩体聚集大量弹性能突然释放,导致围岩瞬间冲击破坏现象。大量能量的突然释放,导致应力波在围岩表面产生巨大的应力作用,如果仅仅采用刚性支护不但不能抑制巷道的层裂破坏,相反可能增加巨大的支护成本。巷道围岩受冲击破坏,是裂纹产生扩展和贯通的过程。在这一过程中,巷道围岩新的裂纹不断产生和贯通,导致围岩破坏并发生体积膨胀,在岩石膨胀过程中,伴随着岩石的破裂和破碎,围岩进一步发生膨胀[149]。因此,当大范围围岩体突然失稳破坏时,岩体体积会产生大量的膨胀,如果仅采用小变形材料支护,巨大的膨胀能量会导致支护体破坏。这就要求支护体要有一定的吸收能量和较大变形能力,来吸收围岩的膨胀能量,尽可能减小对围岩的过度破坏。恒阻大变形锚杆锚索能够在保持恒定支护阻力的同时,产生大变形,设计变形量达到 300 mm,吸收和释放一部分膨胀能量,并对围岩起到加固挡护和稳固的功能。

4.4.3.4 恒阻大变形锚杆锚索吸能防冲原理

冲击地压能量观点认为,冲击地压是在高应力条件下,煤岩体聚集了大量弹性能,当开挖后产生临空面时,能量瞬间向临空面释放。当聚集能量大于破坏岩体消耗的能量时,多余的能量以动能的形式释放,从而产生冲击地压。在煤炭开采过程中,由于地质条件和开采技术条件的限制,往往在开采空间周围煤岩体中产生应力集中区域。在高应力作用下,围岩体内聚集了大量弹性能,有可能导致部分煤岩体接近或达到极限平衡状态,从而产生局部的破坏和能量的耗散。通常这个破坏过程为无序的,即表现为围岩的缓慢破坏,不会发生冲击地压。但是,在开采扰动或者特定的应力条件下,煤岩体破坏和能量耗散由无序变为有序,最终沿某一方向发生裂纹扩展贯通,在高应力作用下煤岩体发生破坏,导致大量弹性能瞬间释放,形成冲击波。在冲击地压发生的过程中,一部分能量用于煤岩体裂纹扩展贯通和破坏,一部分消耗于热能,剩余部分转化为围岩的动能,使得煤岩体抛出,作用于支架破坏等。

煤岩体应力集中并发生弹性能聚集是一个稳态过程,而煤岩体发生破坏和能量释放的过程则可能为非稳态过程[150],如动力冲击力破坏即为非稳态过程。根据煤岩破坏最小能量原理,煤岩破坏遵循能量最小原理。煤岩体在三向应力作用下产生变形,一旦破坏启动,岩体应力状态迅速转变为两向,然后转变为单向,即单轴状态。若为压应力破坏,其破坏所消耗的能量即为单轴破坏时消耗的能量。

$$e = \sigma_c / E_r \tag{4-7}$$

式中　σ_c——单轴抗压强度;

　　E_r——煤岩体弹性模量。

巷道围岩在应力作用下聚集的弹性能量为

$$u = \frac{1}{2E}[\sigma_1^2 + \sigma_2^2 + \sigma_3^2 - 2\nu(\sigma_1\sigma_3 + \sigma_1\sigma_2 + \sigma_2\sigma_3)] \tag{4-8}$$

冲击地压震源的初始能量传播到巷道围岩时的能量为 E_z,则在巷道围岩中聚集的总能量 E_h 为

$$E_h = E_z + [\sigma_1^2 + \sigma_2^2 + \sigma_3^2 - 2\nu(\sigma_1\sigma_3 + \sigma_1\sigma_2 + \sigma_2\sigma_3)]/2E \tag{4-9}$$

若震源位置为巷道围岩,则 E_z 为 0。

假设发生冲击过程中由于煤岩裂纹扩展、产生热能、黏性流动过程及其他形式消耗的能量为 E_x，这些形式的耗散是不可逆的，因此在巷道围岩中产生的弹性余能 E_r 为

$$E_r = E_z + [\sigma_1^2 + \sigma_2^2 + \sigma_3^2 - 2\nu(\sigma_1\sigma_3 + \sigma_1\sigma_2 + \sigma_2\sigma_3)]/2E - E_x \qquad (4\text{-}10)$$

若发生冲击地压，巷道围岩受冲击遭到破坏的能量判据为 $E_r > e$，即

$$E_z + [\sigma_1^2 + \sigma_2^2 + \sigma_3^2 - 2\nu(\sigma_1\sigma_3 + \sigma_1\sigma_2 + \sigma_2\sigma_3)]/2E - E_x > e \qquad (4\text{-}11)$$

若多余的能量以动能形式释放，即可能造成围岩震动破坏。若支护体能够有效吸收冲击能量，则可能减少由冲击震动能量导致巷道的破坏，支护体吸收能量越多，对冲击围岩的损伤就越小。恒阻大变形锚杆锚索对围岩的强力支护，使得围岩破坏时消耗的能量也相应提高，即冲击余能相应减少，同时恒阻大变形锚杆锚索在其支护阻力方向产生相应的拉伸大变形，根据能量定理，其必然吸收能量。如果能量被支护体充分吸收，对于一定级别的冲击地压造成的多余能量不足以对巷道造成破坏，则巷道保持稳定。

4.5　本章小结

本章对恒阻大变形锚杆锚索进行了介绍，论述了恒阻大变形锚杆锚索的结构组成和技术特点。对恒阻大变形锚杆锚索静力学和动力学特性进行了测试分析，采用能量的观点对恒阻大变形锚杆锚索防冲原理进行了阐述。得到如下结论：

（1）对恒阻大变形锚杆锚索进行静力拉伸试验。试验结果表明，恒阻大变形锚杆锚索均具有产生大变形的同时保持恒定阻力的性质，恒阻锚杆工作阻力在 $180\sim200$ kN，恒阻锚索工作阻力在 $320\sim400$ kN，其工作支护阻力与设计的恒阻值基本一致。测试曲线分为增阻、恒阻和阻力降低三个阶段。在增阻、恒阻阶段其拉伸曲线几乎为理想弹塑性曲线，因此具备超常力学性能。

（2）采用重锤自由落体作为动力冲击载荷，对恒阻大变形锚杆锚索进行动力学测试。试验结果表明，在动力冲击作用下，恒阻大变形锚杆锚索仍能保持稳定的工作阻力。在冲击过程中，通过恒阻器滑移变形并保持恒定的工作阻力，来吸收冲击能量和减弱落锤对杆体的冲击作用，每次冲击平均阻力与设计恒阻值基本一致。表明恒阻大变形锚杆锚索具备较强的抗冲击作用。

（3）论述了冲击地压具有突发性、破坏性、多样性和复杂性的特点。

（4）论述了冲击地压对巷道围岩的破坏作用，在瞬间灾变过程中，对巷道和支护体产生巨大冲击，并伴随着高能量的释放，对围岩和支护体产生巨大的破坏作用。提出支护系统的同时具备高支护强度、变形让压、恒定阻力和瞬间吸收冲击能量的性质。

（5）由防冲支护要求和恒阻大变形锚杆锚索对围岩的支护原理出发，从高预应力高强支护、忍受大变形和吸能防冲三个方面论述了恒阻大变形锚杆锚索防冲作用原理。

第 5 章　回采巷道恒阻大变形防冲支护对策及数值模拟研究

本章从冲击地压发生的特点出发,论述了防冲支护的重要性和选择合适防冲支护材料的必要性。论述了防冲支护的原则和恒阻大变形自动耦合支护原理。基于以上研究,本书提出恒阻大变形锚杆锚索防冲支护方案,采用能量平衡原理对上述防冲支护方案防冲适应性进行研究。利用 FLAC3D 软件建立地质支护力学模型,采用 Fish 语言编程实现恒阻大变形支护效果,采用动力分析方法对巷道围岩加载等效动力载荷,模拟恒阻大变形防冲支护和围岩对冲击动载荷的相应特性,表明恒阻大变形防冲支护具有能够抵御一定的冲击载荷的能力。

5.1　冲击地压巷道防冲支护的重要性

冲击地压的发生会对工作面和巷道产生巨大破坏,会对矿井工人造成严重的人身安全威胁,同时伴随着经济方面的巨大损失,因此对冲击地压矿井进行有效的冲击地压控制是减少损失的唯一途径。对巷道冲击大变形的控制包括两个方面,即冲击地压的解危和安全防护。冲击地压的解危是指,结合监测手段,对冲击地压发生的机理及影响因素进行充分研究分析,掌握可发生冲击危险的区域,采用相应的治理解危措施,消除发生冲击地压的条件,使冲击地压发生的可能性降到最低。巷道冲击地压的安全防护主要表现在巷道支护防护方面。采用防冲支护措施,对可能发生冲击地压的地段进行特殊防护支护,减少或消除冲击地压发生时对巷道或工作面造成的冲击破坏,从而减少冲击地压事故的损失。冲击地压的解危措施作为预防性措施,合理的解危措施能够有效地缓解冲击地压发生的条件,但是,由于冲击地压发生机理的复杂性、影响因素的多样性、发生地点的不确定性,仅仅依靠解危措施并不能保证完全消除冲击地压,因此巷道支护防护就是应对冲击地压的最后一道防线。采取合理的支护方式,有效地减少围岩的受冲击破坏,保护开采空间不受冲击,从而将损失降到最低。

乌东煤矿出现动力现象以后,为了工作面安全顺利生产,乌东煤矿采取了一些预防和治理措施。监测措施有煤体应力监测、微震监测、钻屑检测、瞬变电磁检测等。卸压措施有:①煤层注水,对掘进和回采工作面注水软化卸压,对于回采工作面垂直于煤壁施工 3 个注水孔,每个注水孔深 170 m,注水压力不小于 7 MPa,注水时间 25 ~ 30 d;②大孔径钻孔卸压,回采巷道每 5 m 一个 Φ142 mm×30 m 的卸压钻孔;③卸压爆破,超前工作面 50 m 进行顶底板岩层卸压爆破,以及岩柱体硐室卸压爆破、地面岩柱体松动爆破等一系列卸压措施,同时在回采工作面加大超前支护力度。监测措施为乌东煤矿南采区查明高应力岩体分布位置提供方法;卸压措施使得岩体应力得到一定程度的释放,为冲击地压的防治发挥了积极作用,使南采区冲击动力现象得到减少,较大程度上保障了生产的顺利进行。

乌东煤矿南采区虽然采取监测、卸压和加强支护等预防和治理措施,一定程度上缓解了乌东煤矿南采区冲击和缓慢大变形问题。但是随着开采深度的增加,顶板挤压应力和中间岩柱力矩作用力也同时增加,工作面回采巷道冲击动力现象仍时有发生。同时,目前采用的锚网索+U形钢支架支护不能满足动压下巷道围岩大变形及冲击地压控制要求,出现了大变形破坏,且影响范围很大。因此,对于乌东煤矿南采区冲击地压的治理问题,不但要进一步查明其冲击地压的影响因素及机理,有针对性地加强局部解危措施,同时应该加强防冲支护。

乌东煤矿现有支护为普通锚网索以及U形钢支护,现有支护材料无法对冲击大变形破坏进行有效防护,其根本原因是普通锚杆(索)不能瞬间吸收冲击能量,这是由其支护材料本身不能适应巷道围岩冲击大变形的性质所决定的,主要表现在材料延伸率及传统锚杆、支架的可伸缩量远远不能满足巷道围岩的大变形,一旦围岩产生冲击大变形势必破坏传统锚网索支护体,失去抵抗围岩变形的能力,甚至造成大范围围岩片帮、冒顶事故。U形钢支架、混凝土钢管支架等支护强度较高,但是其仍是一种被动支护,不能通过随围岩协同变形来有控制地释放围岩内部能量,因此对回采巷道冲击大变形破坏的防护作用差。

因此,为了应对巷道围岩冲击大变形问题,确保在一定程度的冲击作用下巷道围岩保持稳定,在现有常规卸压措施下,对回采巷道围岩进行有效的防冲支护,控制围岩冲击大变形破坏,有必要采用抗冲击能力强的支护。防冲支护的关键在于防冲支护材料的选择,必须满足巷道围岩防冲支护要求,通过本书第4章的研究,恒阻大变形锚杆锚索在面对冲击动力作用过程中具有"让中有抗、刚柔相济"恒阻大变形吸能的良好力学特性,适合围岩冲击大变形稳定性控制。

5.2 防冲支护设计原则

在解决冲击地压支护问题时应遵循一定的原则,围岩的支护设计仅是地下工程建设的一小部分,但围岩支护尤其是冲击倾向性巷道防冲支护,对于矿山人身财产安全具有重要作用。冲击倾向性巷道防冲支护系统与传统的围岩体支护具有明显的差别。传统的支护主要关注在巷道围岩应力重分布后,围岩受高应力作用产生的破坏和扩容,以及对破坏后因围岩重力引起的垮落进行加固挡护。对冲击巷道的支护,需要考虑更多方面的设计问题,如冲由击破坏而引起的大量体积膨胀和冲击能量[151]等。

5.2.1 避免冲击地压原则

在冲击倾向性巷道支护中,避免冲击地压是防冲支护最佳的方法[152]。冲击地压往往发生在高应力区域,在静压作用下单纯的高应力集中可能发生冲击地压,但在煤矿系统中,冲击地压更多是由动压诱导发生的,即围岩处在较高应力状态下,由采掘活动的动压作用诱发冲击地压的产生。因此,通过合理的采掘顺序和采掘工艺、合理的空间布置方式,减少应力集中区的出现,减弱开挖造成的能量集中释放,减少冲击地压的诱发因素,从而降低冲击地压发生的可能性,避免严重冲击地压的发生。这样采用一般或者抗震等级较小的冲击支护系统,或许就可以确保巷道和硐室围岩的稳定性。

5.2.2　预先评估

如果没有预先评估措施,矿井工程技术人员面对众多巷道往往无法给出一个合理的防冲支护方案,同时决策者对冲击地压支护防护往往认识不清。因此,对矿井发生冲击地压的影响因素和机理进行充分的研究和认识,并综合采用多种监测手段如微震监测、钻屑监测等手段确定冲击地压较危险区域。除此之外,应研究矿井以往冲击事件的等级、发生地点,以及对巷道围岩破坏情况,这些基本情况对巷道防冲支护设计具有指导意义。明确了以上问题,对矿井冲击危险区域进行有针对性的防冲支护设计,不但有利于支护成本的减少,更有利于防冲支护的成功设计,增加防冲支护的抗冲击效果。

5.2.3　大变形吸能主动支护

冲击倾向性巷道围岩采用高预应力锚杆锚索主动支护方式,锚杆锚索和围岩相互作用,预应力锚杆锚索的支护给巷道表面围岩一个径向应力约束条件,提高围岩支护强度,围岩和支护共同承载结构,当冲击发生时能够减少冲击对围岩的较深范围的破坏。同时支护体应具有大变形吸能特性,当冲击发生时围岩承受巨大的冲击载荷,围岩发生破坏总是伴随着大量的围岩体膨胀变形,因此防冲支护设计必须能够吸收冲击动载的能量,同时能够产生大变形来容纳由于岩石破裂破坏导致的体积膨胀变形。Cook N G W 等[153-154]在南非金矿中倡导应用屈服大变形支护系统。由于冲击动载较大,围岩体不可避免地会产生破坏,如果把冲击支护防护放在防止围岩破坏这一环节,支护将是极其困难和很不经济的,因此防冲支护的重点应该放在如何控制岩石破坏后的情况,防止围岩过度破坏和对开挖空间的冲击作用。围岩的动态破坏造成巨大的剪胀压力,很有可能超过围岩支护系统的初期承载能力,但总体来讲,冲击过程中随着围岩膨胀变形量的增大,围岩压力将降低。如果支护系统能够在一定的范围内产生屈服大变形,并保持较高的支护阻力,那么围岩在冲击产生一定变形量后将最终达到平衡状态。这一过程中关键因素为在可控的范围内支护系统允许产生一定的变形,并不丧失原有的支护阻力,这就要求支护系统必须具有足够的大变形能力和承载能力,以确保支护系统不会在冲击过程中发生破坏,而失去支护作用。因此,巷道冲击支护应采用大变形吸能主动支护的支护形式。

5.2.4　及时高预应力主动支护

巷道开挖以后,巷道围岩应力重新分布,巷道表面应力为零,同时应力向围岩应力内部转移,围岩应力变为两向应力状态,围岩应力差增大,并在围岩深处岩体中产生较大应力集中,围岩应力状态的改变对围岩稳定性产生较大影响。巷道开挖后,及时采用高预应力锚杆锚索主动支护,能够使围岩处于受压状态,在围岩中形成支护应力场,改善巷道围岩应力分布,一定程度上降低应力集中系数,减少应力差,改善围岩应力状态,抑制围岩弯曲变形、拉伸与剪切破坏,使围岩成为承载的主体。在锚固区内形成刚度较大的预应力承载结构,预应力越大,围岩应力改善状态会更加明显,围岩承载结构强度越大。

5.2.5　加强关键部位支护

现场工程实践表明,对于高应力巷道,其破坏总是从某一个或几个部位开始变形、损伤,进而导致整个支护系统的失稳。首先破坏的部位,称为关键部位。冲击动载首先在围岩的最薄弱部位产生破坏,从而导致巷道围岩整体强度迅速降低,使得巷道产生冲击大变形破坏。因此,对巷道围岩关键部位进行加强支护,最大限度地保护围岩的支承能力,从而增强巷道围岩的抗冲击能力。

5.2.6　加强护表及整体支护

锚杆锚索支护具有一定的间排距,不可能对巷道表面全部布置锚杆锚索,因此在锚杆锚索之间的围岩表面为裸露部分,在受冲击后往往产生垮塌和冲击现象。这种情况是由于没有将冲击载荷有效转移到支护体中,造成支护的失败。作为基本的要求,在高地应力条件下的围岩支护系统中必须结合钢筋网、钢带这样的表面支护单元,仅有锚杆锚索的支护系统达不到预期的防冲支护效果。通过现场恒阻大变形锚索支护爆破冲击试验可知,在围岩受冲击载荷最为严重部位,由于钢筋网的存在,围岩并没有弹射到巷道空间,而是由于钢筋网的护表作用形成较大网兜状变形。因此,在巷道围岩防冲支护中应加强巷道表面支护,综合发挥梯形钢带、钢筋网和锚杆锚索,以及围岩组成的支护系统强度,达到抵抗冲击破坏的效果。

巷道整体性支护在防冲支护设计中不容忽视,在受冲击地压破坏的巷道往往发生底鼓大变形破坏或底板突然隆起现象。除底板发生冲击地压外,还与巷道底板支护薄弱有关,现有的巷道支护尤其是回采巷道支护往往采用底板无支护的形式,造成底板为能量释放的突破口。以底鼓大变形的形式释放冲击能和膨胀能,底板围岩塑性区向深部扩展,从而导致巷道底角围岩滑移,加速两帮的失稳,加剧底鼓变形,造成巷道变形破坏的恶性循环。因此,防冲支护应加强巷道底板支护,锚杆锚索巷道底板支护最常用的形式为设计巷道底角锚杆锚索。底角锚杆支护对于巷道整体性防冲支护十分必要,其加强了巷道底板和两帮支护系统的联系,增强了底角围岩强度,对巷道整个支护系统,以及巷道围岩和支护体的整体性而言,增加了巷道整体强度。

巷道防冲支护除以上各要点外,还要考虑施工简单、施工观测、成本效益等方面。

5.3　乌东煤矿南采区近直立煤层回采巷道防冲支护对策

乌东煤矿南采区作为近直立煤层开采的典型矿井,其冲击地压均发生在回采巷道。本书以乌东煤矿南区工程地质条件为背景,采用恒阻大变形锚杆锚索为主要支护材料,对回采巷道冲击地压的支护方案进行研究和论证。

5.3.1　恒阻大变形锚杆锚索自动耦合支护原理

在巷道支护方面,何满潮院士提出耦合支护。根据耦合支护原理,耦合支护要满足强度耦合、刚度耦合和结构耦合[155、156],通过对恒阻大变形锚杆锚索支护体和围岩相互作用和能量原理的研究,可知恒阻大变形锚杆锚索支护可以实现自动耦合支护。

5.3.1.1　强度耦合

巷道开挖后,其围岩由三向受力变为两向受力,应力状态的改变使得围岩的承载能力急剧下降,尤其是在高围岩应力中开挖,如果支护强度较弱,不能提供较大的支护阻力,围岩在次生应力场和开挖应力集中的作用下,破坏范围向深部扩展,表面围岩很容易在较深岩层的变形挤压下发生大量塑性离层和层间离层,并可能导致顶板和两帮的整体失稳。高预应力锚杆能在巷道围岩临空面上形成整体压应力结构,且预应力越高,单根锚杆和围岩作用范围也越大,通过合理的高支护强度三维锚杆索组合,能够有效地改善围岩应力状态,使围岩向三向应力状态转变,从而加强围岩的整体强度。恒阻大变形锚杆(索)是一种高强度高预应力锚杆(索),能够对围岩提供高支护阻力,使支护强度和围岩应力强度相耦合,采用高预应力锚杆(索)支护能够抑制围岩产生有害变形,有效改善围岩应力状态,提高支护强度,对增大围岩的承载能力和防冲效果有重要作用。

5.3.1.2　刚度耦合

普通锚杆(索)在刚度耦合上比较困难,一般通过改变托盘形状,使用木托盘,甚至为了释放岩体弹塑性变形能而减低支护强度或者滞后支护,即二次支护,但是在支护强度和滞后支护时间上很难把握,以至于刚度耦合较难实现,仅仅采用高强度支护,尤其是被动的高强度支护对于软岩巷道支护效果和巷道稳定性控制不够理想。而恒阻大变形锚杆(索)则创新性地改变了这一难题,其特殊的力学性能,能够使其在保持高恒定阻力的同时还能够产生大变形,即具有理想弹塑性的力学性能。采用恒阻大变形锚杆(索)支护后,围岩由于周围应力和自身强度的原因产生变形,当围岩应力达到恒阻锚杆锚索恒阻值时,恒阻锚杆锚索恒阻器在保持恒定阻力的同时,产生一定量的滑移变形,以吸收和释放冲击能量。这种既能够提供高支护阻力又能够实现有控制的变形功能,即很好地满足了和围岩刚度上的耦合,对围岩冲击大变形具有较好的防护能力。

5.3.1.3　结构耦合

由于锚索长度能够锚固到稳定的围岩层中,对不连续面有加固作用,因此锚索对围岩结构耦合起到关键作用。普通锚索的支护机理一般为悬吊理论,即锚杆支护失效后锚索能够将破坏围岩悬吊到稳定的岩层中;恒阻大变形锚杆(索)不但具有悬吊的作用,同时因为其具有高恒定阻力,能够产生大变形的性质,因此可以将提高锚索预紧力到 300 kN。这对围岩体中不连续面起到很好的加固作用,通过锚索锚杆的组合加固不连续面和限制支护体的不连续变形。由于恒阻锚杆锚索能够实现自动拉伸变形,因此一般不用考虑二次支护时间,根据施工的方便,紧跟掘进工作面施工即可,同时也符合防冲支护施工简单的原则。

5.3.2　恒阻大变形锚杆锚索防冲支护形式

依据冲击倾向性巷道防冲支护原则,结合恒阻大变形自动耦合支护理念,根据乌东煤矿南采区 +450 m 水平回采巷道工程地质和开采技术条件,对巷道进行恒阻大变形锚杆锚索防冲支护设计。

+450 m 水平 B3 巷道原断面形状为直墙圆弧拱形,根据巷道原断面形式,新恒阻大变形支护设计采用直墙圆弧拱形式,加大断面,设置一定变形预留量,巷道净宽度为 4 600 mm,净高为 3 400 mm,直墙高度为 2 200 mm。支护技术为:大断面预留量+20 t 恒阻大变形锚杆+钢筋网+钢带+35 t 恒阻大变形锚索+底角 35 t 恒阻锚索的耦合支护形式。

5.3.3　恒阻大变形锚杆锚索防冲支护能量计算

假设恒阻大变形锚索设计方案已经进行了合理设计,足以承担冲击载荷作用下引起的冲击力。根据何满潮院士的研究成果,恒阻大变形锚索在巷道受冲击过程中与围岩作用主要由两种能量组成:抵抗变形能 E_{I} 和吸收变形能量 E_{II},将能量模型进行简化,如图 5-1 所示。

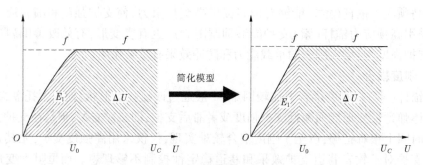

图 5-1　恒阻大变形锚索支护能量模型

根据图 5-1 所表示的关系,可以得到单根恒阻大变形锚索抵抗围岩变形能量和吸收围岩冲击变形能量的总能量为

$$E_B = E_{\mathrm{I}} + E_{\mathrm{II}} \tag{5-1}$$

其中:

$$\left.\begin{array}{l} E_{\mathrm{I}} = \displaystyle\int_0^{U_0} f_1(U)\,\mathrm{d}U \\[2mm] E_{\mathrm{II}} = \displaystyle\int_{U_0}^{U_C} f_2(U)\,\mathrm{d}U \end{array}\right\} \tag{5-2}$$

简化能量,得:

$$\left.\begin{array}{l} E_{\mathrm{I}} = \dfrac{1}{2}kU_0^2 = \dfrac{1}{2}P_0 U_0 \\[2mm] E_{\mathrm{II}} = P_0\Delta U = P_0(U_C - U_0) \end{array}\right\} \tag{5-3}$$

将式(5-3)代入式(5-1),得恒阻大变形锚索能量本构关系:

$$E_B = \frac{1}{2}P_0(2U_C - U_0) \tag{5-4}$$

式中　P_0——单根恒阻大变形锚索设计恒阻力,kN;

　　　U_C——恒阻大变形锚索极限变形量,m;

　　　U_0——恒阻大变形锚索材料变形量,m;

　　　ΔU——恒阻大变形锚索结构变形量,m。

恒阻大变形锚索锚固体系抵抗围岩体受冲击后向巷道临空区运动的总能量,可以通过恒阻大变形锚索能量本构关系计算出来。

在巷道支护体系质量能够得到保证的情况下,即恒阻大变形锚索整体支护阻力大于巷道围岩冲击变形总能量时,所有恒阻大变形锚索抵抗围岩变形能量及吸收围岩变形能量组成的总能量就是围岩向巷道临空区运动的总能量。

巷道围岩向临空区运动的总能量 E^T 由三部分组成,分别是:

(1)围岩体本身抵抗变形的能量 E^R;

(2)恒阻大变形锚索本身抵抗变形的能量 E^B;

(3)恒阻大变形锚索通过结构装置吸收变形的能量 E^D。

根据上述关系,巷道围岩向临空区运动的总能量关系式为

$$E^T = E^R + E^B + E^D \tag{5-5}$$

则,恒阻大变形锚索抵抗和吸收的变形能为

$$\Delta E = E^T - E^R = E^B - E^D \tag{5-6}$$

恒阻大变形锚索能量转化模型如图 5-2 所示。

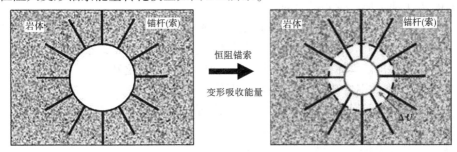

图 5-2 恒阻大变形锚索能量转化模型

假设巷道围岩中共安装 n 根恒阻大变形锚索,支护和围岩相互作用能量方程组:

$$\left.\begin{aligned} E^T - E^R &= E^B - E^D \\ E^B &= nE_{\mathrm{I}} \\ E^D &= nE_{\mathrm{II}} \\ E_{\mathrm{I}} &= \frac{1}{2}P_0 U_0 \\ E_{\mathrm{II}} &= P_0 \Delta U \end{aligned}\right\} \tag{5-7}$$

则,巷道围岩稳定性能量平衡方程为

$$\Delta E = \frac{n}{2}P_0(U_0 + 2\Delta U) \tag{5-8}$$

采用能量平衡原理对上述防冲支护方案防冲适应性进行研究。假设遭受冲击后围岩岩块从巷道表面抛射出来,具有动能;同时,若岩块从顶板抛射坍塌,其具有的重力势能也增加了岩块的动能,因此防冲支护设计能够吸收的能量必须大于或等于岩块的动能,才能保证巷道不坍塌[157]。

恒阻大变形锚杆锚索防冲支护中,锚杆采用恒阻值 200 kN,取其恒阻值下限 180 kN,设计变形量为 300 mm 的恒阻大变形锚杆。假设在吸收冲击能量时恒阻锚杆只考虑恒阻段吸能的情况,单根锚杆能够吸收的最大能量 e_1 为 54 kJ。锚索采用恒阻值 350 kN,设计

变形量为 300 mm 的恒阻大变形锚索,单根锚索能够吸收最大能量 e_2 为 105 kJ。

为方便计算,锚杆锚索均采用单位面积能量进行统一。恒阻大变形锚杆间顶部和两帮排距 $a \times b = 800\ mm \times 800\ mm$,锚杆吸收的能量 E_g 为

$$E_g = e_1/(a \times b) = 54/0.64 = 84.375(kJ/m^2)$$

恒阻大变形锚索间顶部和两帮排距 $a \times b = 1\ 600\ mm \times 1\ 600\ mm$,则恒阻大变形锚索吸收的能量 E_s 为

$$E_s = e_2/(a \times b) = 105/2.56 = 41.02(kJ/m^2)$$

则恒阻大变形锚杆锚索吸收总能量为

$$E_z = E_g + E_s = 84.375 + 41.02 = 125.395(kJ/m^2)$$

根据乌东煤矿南采区最严重的一次冲击地压——"2·27"冲击地压,该次冲击地压造成最严重的破坏为 B6 巷道 1 884 m 处出现坍塌,形成长×宽×深 = 3 m×1 m×1.5 m 范围的塌方,因此本次验证计算采用该次冲击坍塌为依据,对巷道破坏深度进行保守取值,即假设冲击地压造成 2 m 深的围岩被抛出。经测定煤的密度为 1.38 kg/m³,根据上述条件可计算出,发生冲击地压时巷道表面的动能 E_c 为

$$E_c = 0.5V\sigma_c^2/K + 0.5mv_c^2 + mgh \tag{5-9}$$

式中　　m——冲击被抛出的煤体质量,为单位面积、坍塌深度和密度之积;

V——被抛出的煤体体积,其值为单位面积与坍塌深度之积;

v_c——冲击后围岩被抛出的初速度,即位移速度,m/s;

h——恒阻大变形锚杆锚索设计变形量,取值 300 mm;

g——重力加速度,取值 9.8 m/s²;

K——弹性模量。

假设冲击后恒阻大变形锚杆锚索支护能够在设计变形量范围内保持巷道围岩不抛出、不坍塌,并取安全系数 λ 为 1.25,经测定,煤层单轴抗压强度为 10.45 MPa,弹性模量为 2.04 GPa。则由能量平衡得

$$\lambda E_c = E_z \tag{5-10}$$

代入式(5-3)和式(5-4)得岩块抛出位移速度为 $v_c = 6.73$ m/s。应当指出,震源附近岩块的运动速度和临空面岩体的抛出速度是不同的,Hino 研究并在《爆破理论与实践》中指出岩块的抛射速度是质点振动峰值速度的两倍[158],从而得到围岩振动质点峰值速度 $v = 3.36$ m/s。

根据采场 85%的冲击矿压发生在回采巷道,特别是在距离工作面上下出口 60 m 的范围居多,并且以 15~30 m 最为严重,这里取 20 m,采用 McGarr 建议的质点峰值速度、震源中心到岩爆冲击破坏点的距离与岩爆强度之间的关系公式 $\lg R_v = 3.95 + 0.57M_L$(其中 R_v 的单位为 cm²/s),进而计算得到 M_L 为 3.2。可见,基于能量平衡理论,对上述恒阻大变形设计方案进行论证,表明恒阻大变形锚杆锚索防冲支护大约能够抵御距离巷道 20 m 以外矿震震级 3.2 级的冲击地压。

5.4　恒阻大变形防冲支护动力冲击数值模拟研究

由于试验段巷道正在进行相应的前期准备,同时即便在实验段进行防冲支护以后,现

场也不一定发生或者在该试验段发生冲击地压,因此现场实地验证其防冲效果较为困难。为了验证上述恒阻大变形锚杆锚索防冲支护,对于冲击动载的抵御能力和支护效果,采用数值模拟的方法进行模拟研究。

5.4.1　数值模拟研究内容及模型建立

5.4.1.1　研究内容

本章节利用 FLAC3D 有限差分数值模拟软件中 Dynamic 动力分析模块,模拟冲击动载作用下,巷道围岩及支护体的相应,研究巷道围岩位移、应力、塑性区的分布,以及恒阻锚杆锚索的受力、拉伸变形情况及其对围岩的支护作用。

5.4.1.2　建立数值模型

数值模型根据 B3 巷道工程概况进行概化,数值模型由六面体单元构成,计算范围为 $xyz=60\text{ m}\times30\text{ m}\times45\text{ m}$。模型初始化采用应力边界条件,其值根据地应力测试结果 x 方向的初始应力为 14.5 MPa,z 方向的初始应力为 8.5 MPa,y 方向的初始应力为 10 MPa。模型材料采用摩尔-库伦准则。根据 FALC3D 相关资料,研究模型内部空间动力响应时,在模型内部施加动力载荷不需要设定阻尼边界,因此初始应力平衡后,固定模型底座,xy 方向边界分别固定 x 方向和 y 方向的位移,模型顶部采用应力边界条件。建立模型如图 5-3 所示。

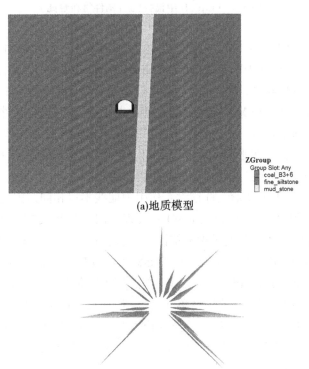

(a)·地质模型

(b)支护模型

图 5-3　B3 巷防冲支护数值模型

5.4.1.3　恒阻大变形锚杆(索)在 FLAC3D 软件中的实现及预应力施加

为研究恒阻大变形锚杆锚索对该巷道变形的控制效果,采用 FLAC3D 数值方法进行模拟分析研究,锚杆锚索采用 Cable 单元进行模拟。在 FLAC3D 软件中锚杆(索)加固单元由几何参数、材料参数和锚固剂特性来定义,锚(索)构件采用弹塑性材料模型,在本构模型中设定锚杆(索)的拉伸屈服强度 F_t 和压缩强度 F_c。在应用时不能超过这两个极限,如图 5-4 所示。

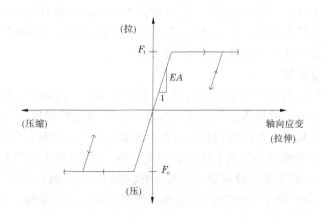

图 5-4　FLAC3D 中锚杆(索)构件材料性能

在 FLAC3D 软件中 Cable 单元为弹塑性材料,控制锚杆(索)构件的要素有两类关键字:拉伸强度(tension)和锚固剂参数(gr_coh、gr_fric、gr_k、gr_per)。由于 FLAC3D 软件为连续拉格朗日差值分析软件,锚索即使达到锚杆抗拉强度,锚杆仍不能产生断裂,在超出抗拉强度而锚固端未破坏情况下程序自动判断为失效,但同时锚杆构件仍然存在轴力,这与实际中锚杆被拉断不相符。根据恒阻大变形锚杆锚索力与位移曲线可知,其近似为理想弹塑性曲线,但其最大变形量有一定范围,且在最大变形值内保持恒定支护阻力,FLAC3D 软件中 Cable 单元虽然同样类似理想弹塑性材料性质,但是超过抗拉强度后软件自动判断为失效,和恒阻大变形锚杆锚索工作阻力曲线不尽相同。因此,通过 FLAC3D 软件中内嵌的 Fish 编程语言,编写相应的程序,实现恒阻大变形支护效果。恒阻大变形锚杆在 FLAC3D 软件中的实现是通过设置锚固段端头锚固强度设定极大值,保证锚固端不会脱锚。自由段端头与围岩刚性接触,模拟托盘。利用 Fish 编程语言判断自由端头与锚固端头的相对位移量,同时监测其轴力变化,当达到恒阻值后产生轴向拉伸变形,当达到额定伸长量后判定锚固失效,释放锚杆单元,使其达到设定的大变形效果,以模拟恒阻大变形锚杆。根据施工要求,恒阻大变形锚杆锚索初始支护预应力分别为 150 kN 和 280 kN,以加强其主动支护作用。如图 5-5 所示为恒阻大变形锚杆锚索预应力施加情况,可知模型中施加的预紧力大小和设计一致。

5.4.2　模型加载方案

引起冲击地压的因素较多,其破坏机理复杂,即使利用现在先进的监测设备也很难确

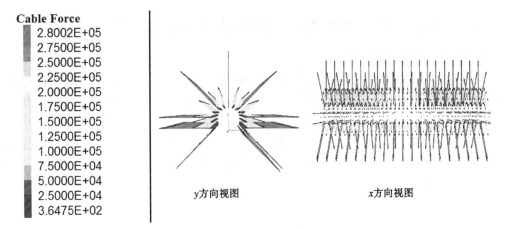

Cable Force
2.8002E+05
2.7500E+05
2.5000E+05
2.2500E+05
2.0000E+05
1.7500E+05
1.5000E+05
1.2500E+05
1.0000E+05
7.5000E+04
5.0000E+04
2.5000E+04
3.6475E+02

y方向视图　　　　　　　x方向视图

图 5-5　恒阻大变形锚杆锚索预应力

定冲击地压震动的实际能量,同时冲击地压形成的应力波传播过程也极其复杂。虽然冲击地压能量越大,对巷道破坏程度越大,但如果从冲击地压震源处研究其强度对围岩造成的破坏作用,不确定因素较多,例如震源强度不能确定、震源能量及应力波传播衰减规律不确定等,这些因素决定了不能直接说明冲击震源对围岩可能造成的破坏程度,因此采用冲击地压震源处进行动力加载较为复杂且准确性较低。而真正具有工程实际意义的是描述直接与破坏程度有关的参数。在建筑抗震设计和爆破设计中,用于表示直接和破坏程度有关的参数,是远场质点峰值速度 v_p 和质点峰值加速度 a_p,且两者具有一定关系。因此,为了验证恒阻大变形锚杆锚索防冲支护效果,本书采用在巷道浅部围岩进行动力加载,即在数值模拟中把震源设定在围岩浅部,等效模拟冲击地压震动传播到巷道表面围岩时动载荷对恒阻防冲支护的冲击作用,以及防冲支护体和围岩对其的响应。根据验证能量平衡理论所得结果,采用围岩速度作为冲击载荷强度标准,验证能否抵抗由能量平衡理论计算的围岩位移速度所产生的动载冲击。

根据文献[159],微震监测系统监测到的现场冲击地压震动持续时间一般为几十毫秒,一般矿震的主频率在 10~20 Hz。

根据高明仕[160]等采用微震试验系统的测定,回归震动加速度幅值与震级之间的关系,同时根据能量与震级之间的关系:

$$\lg E = 1.8 + 1.9 M_L \tag{5-11}$$

得到在各拾振器处震动加速度 a 和能量 E 的关系为

$$E = 10^{3.7849 + 0.8271 \ln a} \tag{5-12}$$

本次模拟巷道顶部受冲击载荷情况下防冲支护和围岩的动力响应,冲击载荷采用界面震源,在一定界面范围内施加一加速度为冲击载荷源,冲击载荷作用时间为 50 ms。根据能量与加速度的关系,设定一定能量,使围岩表面产生与上述计算结果相一致的位移速度。界面震源施加范围为巷道顶部 1 m、x 方向为巷道正上方 10 m、y 方向为巷道正上方 10~20 m 的范围。

5.4.3　冲击载荷作用下恒阻大变形防冲支护效果分析

5.4.3.1　围岩速度与加速度

在巷道顶部施加动力载荷后,巷道顶底板和两帮围岩在冲击载荷作用下产生强烈震动作用。与冲击作用可能造成破坏程度有关的参数是围岩质点峰值速度,根据采用能量平衡原理对本书防冲支护方案适应性进行的研究可知,该支护方案能够抵御围岩位移速度为约 6.7 m/s 的冲击震动。因此,在数值模拟计算中将冲击震动在围岩表面引起的岩块速度调整约为 6.7 m/s,验证防冲支护是否能抵御该冲击速度下的冲击。巷道围岩顶板及两帮速度和加速度如图 5-6 所示。

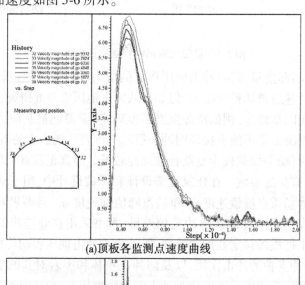

(a)顶板各监测点速度曲线

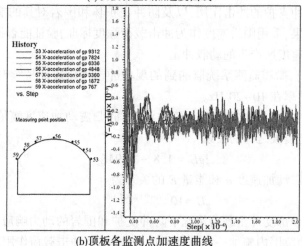

(b)顶板各监测点加速度曲线

图 5-6　巷道顶板及两帮围岩速度和加速度

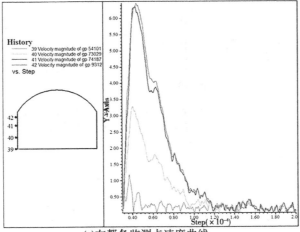

(c)左帮各监测点速度曲线

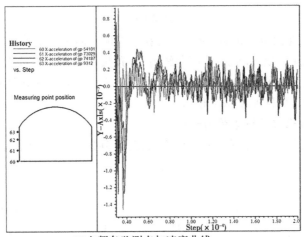

(d)左帮各监测点加速度曲线

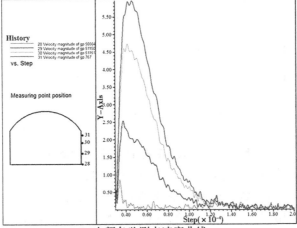

(e)右帮各监测点速度曲线

续图 5-6

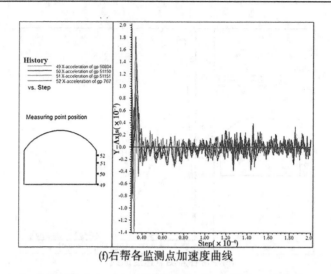

(f)右帮各监测点加速度曲线

续图 5-6

如图 5-6 所示,在顶板冲击载荷作用下,巷道顶板表面围岩加速度和速度曲线。施加动力载荷在围岩表面产生运动,由速度曲线可知,顶板围岩在冲击过程中最大位移速度约为 6.9 m/s,两帮最大位移速度分别约为 6.4 m/s 和 5.9 m/s,与采用能量原理计算中防冲支护能够抵御的围岩位移速度基本相当。

5.4.3.2　恒阻大变形锚杆锚索受力分析

冲击动力载荷结束后,计算到围岩平衡状态,得到恒阻大变形锚杆锚索轴力分布图,如图 5-7、图 5-8 所示。

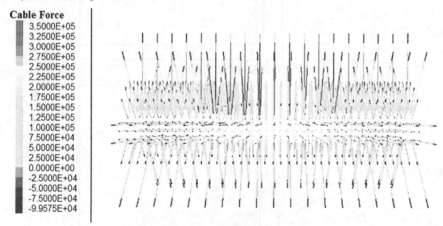

图 5-7　恒阻大变形锚杆锚索受力侧视图

在冲击过程中和平衡后,恒阻大变形锚杆锚索的轴向力达到恒阻值后,锚杆锚索的轴向力均维持在恒阻值,不再继续增加,这和 Fish 编程所设定的结果一致。由图 5-8 可知,未受冲击载荷直接作用的 0~5 m 段巷道,锚杆锚索轴向力在冲击后,围岩应力松弛,轴向力比原预应力有所下降。对于现场支护出现锚杆锚索应力松弛的情况,应及时补强预应力。在 10~20 m 动载荷冲击段巷道中恒阻锚杆达到 200 kN 支护阻力,锚索达到 350 kN

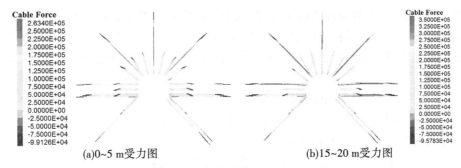

(a)0~5 m受力图　　　　　　　　　(b)15~20 m受力图

图 5-8　恒阻大变形锚杆锚索受力正视图

支护阻力,均达到设定恒阻值,说明冲击动载荷作用下,围岩和锚杆受到了较大的冲击作用,受直接冲击影响处锚杆锚索轴向力增加到恒阻值。由图 5-7 可知,在顶部冲击载荷作用下,顶板和两帮恒阻大变形锚杆锚索受力较大,而底部受到冲击影响相对较小。

5.4.3.3　恒阻大变形锚杆锚索变形分析

在冲击动力载荷结束后,围岩达到平衡状态,对恒阻大变形锚杆锚索变形进行研究,如图 5-9、图 5-10 所示。

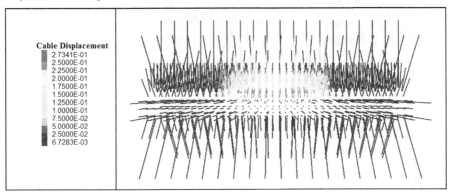

图 5-9　恒阻大变形锚杆锚索变形侧视图

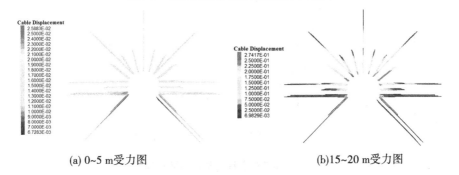

(a) 0~5 m受力图　　　　　　　　　(b)15~20 m受力图

图 5-10　恒阻大变形锚杆锚索变形正视图

由恒阻大变形锚杆锚索冲击后变形情况可知,非直接冲击段巷道锚杆锚索变形较小,即使在冲击载荷加载段巷道锚杆锚索产生一定量的变形,最大变形量为 274 mm,变形量在恒阻锚杆锚索设计大变形范围以内,在冲击过程中锚杆锚索始终保持其恒阻值,在变形过程中,恒阻锚杆锚索吸收冲击能量,同时变形过程也是对冲击载荷进行适当让压,与围岩协调变形有控制地释放冲击能量,减弱冲击对围岩的破坏作用。因冲击变形量没有超过锚杆锚索最大设计变形量,因此在抵御冲击载荷后并没有失去支护阻力,对围岩继续保持支护作用。

5.4.3.4　冲击载荷作用下围岩变形分析

冲击作用后围岩达到平衡状态,通过检查得到冲击段巷道围岩变形云图、顶板和两帮的变形曲线,如图5-11~图5-14所示。

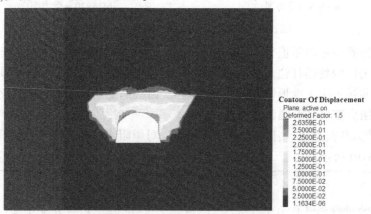

图5-11　冲击段巷道围岩变形云图

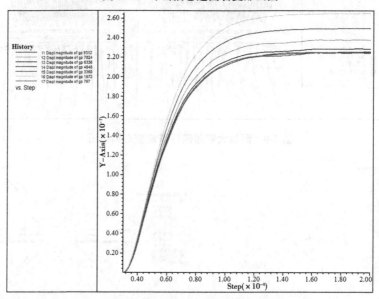

图5-12　冲击段巷道顶板围岩变形曲线

通过位移云图和位移检测曲线可知,巷道围岩最大变形量在其顶部,最大变形值为264 mm,巷道两帮上部变形量达到224 mm,可见受冲击动载荷后巷道围岩产生了一定的变形。巷道变形量没有达到恒阻大变形锚杆锚索的设计大变形量,巷道围岩整体形态保持良好,并没有发生严重大变形现象。

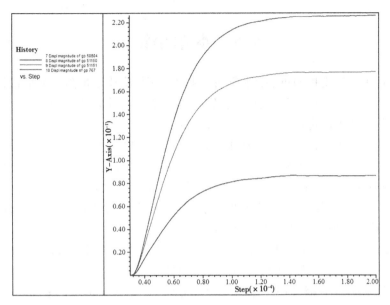

图 5-13　冲击段巷道右帮围岩变形曲线

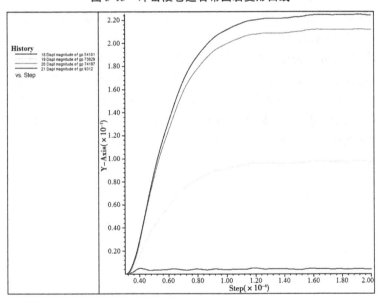

图 5-14　冲击段巷道左帮围岩变形曲线

在冲击过程中,巷道围岩变形速率较大时段和冲击过程中围岩较大位移速度阶段相对应,在冲击结束后巷道围岩并没有发生严重大变形破坏,而是很快进入平衡,表明恒阻大变形锚杆锚索对围岩仍具有支护作用;同时说明在恒阻大变形锚杆锚索的支护作用下,巷道围岩受到冲击动载后,围岩和恒阻支护体相互作用协调变形。这与恒阻大变形锚杆锚索恒阻吸能的力学特性和支护原理相对应,表明恒阻大变形防冲支护具有较好的抗冲击作用。

5.5　本章小结

本章论述了防冲支护的重要性和防冲支护的原则,论述了恒阻大变形锚杆锚索自动耦合支护原理,并提出以恒阻大变形锚杆锚索为主要材料的防冲支护方案。采用能量平衡原理和数值模拟方法进行了验证。得到以下结论:

(1)防冲支护对冲击倾向性巷道具有重要作用,同时又区别于一般性巷道支护,总结论述了以下主要防冲支护原则:①避免冲击地压原则;②预先评估;③采用大变形吸能主动支护;④及时高预应力主动支护,⑤加强关键部位支护;⑥加强护表及整体支护等。

(2)提出了采用恒阻大变形锚杆锚索为主要材料进行防冲支护设计的思路。根据耦合支护原理,论述了恒阻大变形支护自动耦合原理。

(3)针对乌东煤矿南采区近直立煤层+450 m 水平 B3 巷道地质概况和冲击地压的显现特点,根据其工程地质概况进行恒阻大变形防冲支护设计,提出大断面预留量+20 t 恒阻大变形锚杆+钢筋网+钢带+35 t 恒阻大变形锚索+底角 35 t 恒阻锚索的耦合支护形式。

(4)根据能量平衡原理,对恒阻大变形锚杆锚索防冲支护动载适应性进行研究论证,表明以恒阻大变形锚杆锚索为主要支护材料的防冲支护大约能够抵御距离巷道 20 m 以外矿震震级为 3.2 级的冲击地压。

(5)利用数值模拟方法进行模拟研究,采用 Fish 语言编程模拟恒阻大变形支护效果。施加一定能量冲击载荷,使围岩位移速度与能量原理验证中围岩位移速度大致相当。通过计算恒阻大变形锚杆锚索变形量为 273 mm,围岩变形量为 264 mm,其变形量均在设计大变形范围以内,锚杆锚索支护阻力均在相应的恒阻值范围内,表明恒阻大变形锚杆锚索防冲支护能够抵御该能量的冲击作用,具有良好的冲击防护效果。

第 6 章 工程应用

为了控制乌东煤矿南采区工作面回采巷道的缓慢大变形破坏同时对冲击地区进行防护,在前期地应力及松动圈测试研究、恒阻大变形锚杆索支护材料研究,以及防冲对策及数值计算的基础上,在+450 m 水平 B3+6 工作面两掘进巷道进行恒阻大变形防冲支护试验。

6.1 煤层顶底板

B3+6 煤层顶、底板特征见表 6-1、表 6-2。

表 6-1 顶板特征

顶板名称	岩石名称	厚度(m)	岩性特征
基本顶	粉砂岩	24.49	细粒粒状结构,块状构造,颜色为灰白色,岩性坚硬稳定,固结良好,不随采动垮落
直接顶	灰质泥岩	2.15	微细粒粒状结构,块状构造,颜色为深灰色,遇水松动,随采动后期垮落
伪顶	炭质泥岩	3.21	微细粒粒状结构,块状构造,颜色为深灰色,随采动而垮落

表 6-2 底板特征

底板名称	岩石名称	厚度(m)	岩性特征
直接底	炭质泥岩	1.35	微细粒粒状结构,块状构造,颜色为深灰色,固结较差,易随采动而垮落
基本底	粉砂岩	4.00	细粒粒状结构,块状构造,颜色为灰白色,岩性坚硬稳定,固结良好,不随采动垮落

6.2 支护参数设计

根据前期对乌东煤矿南采区+475 m 水平 B3+6 准备工作面 B3 轨道巷和 B6 运输巷围岩松动圈测试的结果,巷道帮部围岩裂隙主要分布在 1.45~2.6 m,顶部帮部围岩裂隙主要分布在 3.4~2.6 m。根据围岩松动圈支护理论,锚杆应尽量锚固在稳定的围岩中,但是当围岩松动圈较大时,也不需要对锚杆进行无限制的加长,需要采取及时主动的锚杆锚索支护,提高围岩整体强度,在围岩中形成组合拱结构,承载深部围岩的压力。本支护方案尽可能地将锚杆锚固在稳定的围岩中,锚杆长度设计为 3 m,并结合锚索进行支护。恒阻大变形防冲支护试验段选取在 B3 巷道,根据 B3 巷道冲击地压显现情况,其动力冲击能量往往由南帮(支护方案中的左帮)向巷道空间释放,底鼓和底板裂隙多发生在底板南帮侧,因此底角支护设计采用不对称形式,在 B3 巷道南侧底角布置两根恒阻大变形锚索,在北侧底角布置一根恒阻大变形锚索。具体支护断面如图 6-1 所示。

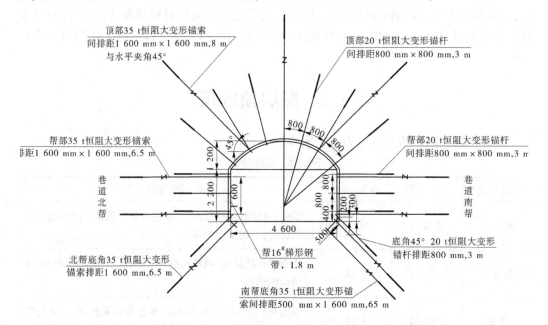

图 6-1　恒阻防冲支护断面图

支护参数:(1)35 t 恒阻大变形锚索。恒阻值为 35 t,设计恒阻伸长变形量为 300 mm,钢绞线直径为 φ 21.8 mm,恒阻体外直径为 63 mm,总长度为 500 mm(托盘外 100 mm、托盘内 400 mm)。

①巷道顶部锚索:采用 3 根 φ 21.8 mm×8 000 mm、35 t 恒阻大变形锚索,锚索间排距为 1 600 mm×1 600 mm,采用 300 mm×300 mm×20 mm 高强度钢板为大托盘。

②两帮锚索:两帮各采用 2 根 φ 21.8 mm×6 500 mm、35 t 恒阻大变形锚索,锚索间排距为 1 600 mm×1600 mm,采用 300 mm×300 mm×20 mm 大托盘。锚索和锚索之间采用 16# 梯形钢带连接。

③底角底板加固锚索:采用南北两帮底角底板不对称支护设计,北帮底角底板采用 1 根 φ 21.8 mm×6 500 mm,恒阻值为 35 t 的恒阻大变形锚索,与水平线夹角为 45°,排距为 1 600 mm。南帮底角底板布置 2 根 φ 21.8 mm×6 500 mm,恒阻值为 35 t 的恒阻大变形锚索,与水平线夹角为 45°,间排距为 500 mm×1 600 mm,16# 梯形钢带连接南侧两底角锚索。锚索均采用 300 mm×300 mm×20 mm 高强度钢板为托盘。

(2)20 t 恒阻大变形锚杆:恒阻值为 20 t,设计恒阻变形量为 300 mm,其规格为 φ 22 mm×3 000 mm,恒阻体外直径为 36 mm,总长度为 500 mm(托盘外 100 mm,托盘内 400

mm)。巷道断面图支护展开图如图 6-2 所示。

①巷道顶部锚杆：顶部锚杆采用 7 根 20 t 恒阻大变形锚杆，锚杆间排距为 800 mm×800 mm，平行布置。

②巷道帮部及底角锚杆：两帮各采用 3 根 20 t 恒阻大变形锚杆，锚杆间排距为 800 mm×800 mm，锚杆之间采用梯形钢带相连。底角锚杆与两帮锚杆同一断面，布置在距离底板 200 mm 的两帮下部，采用 1 根 20 t 恒阻大变形锚杆，长 3 000 mm，与水平线夹角为 45°。

（3）锚网：顶帮均采用规格为 ϕ8.0 mm 的焊接钢筋网，网孔大小为 50 mm×50 mm。锚网搭接长度不小于 200 mm。

（4）梯形钢带、托盘：采用 ϕ16 mm 圆钢制作钢带；锚杆托盘采用 150 mm×150 mm×10 mm 恒阻锚杆配套蝶形托盘。

（5）锚固剂：

①恒阻大变形锚杆均采用 MSK2335# 快速锚固剂。

②恒阻大变形锚索锚固端由里向外采用 3 根 MSK2335# 快速锚固剂和 2 根 MSZ2335# 中速锚固剂（锚固剂具体型号和安装数量必须根据现场拉拔试验确定，确保能达到设定预紧力）。

（6）锚索锚杆预紧力：35 t 恒阻大变形锚索预紧力为 280 kN，锚固力达到 40 t。20 t 恒阻大变形锚杆预紧力为 15(±1)t，锚固力达到 25 t。

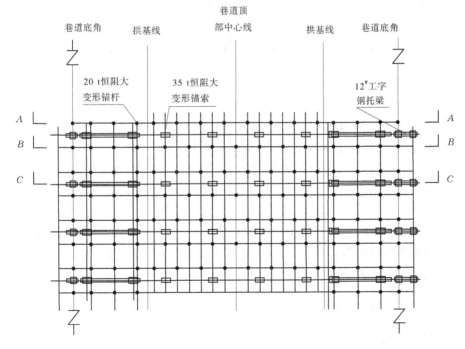

图 6-2　巷道断面图支护展开图

6.3　施工过程设计

由于 B3+6 煤层直接顶为炭质泥岩,遇水易软化崩解或风化,具有膨胀性强的特点,造成帮臌、锚杆支护失效等围岩大变形破坏,因此,根据巷道是否揭露顶板泥岩岩层决定支护方案是否需要喷浆,根据是否需要喷浆将施工过程分为以下两种情况。

6.3.1　需要喷浆支护的施工过程

对于揭露泥岩段的巷道或者巷道有淋水现象的,要采用喷浆及时封闭围岩。施工过程如下:

①巷道掘进揭露岩层→②巷道围岩喷浆(50 mm)→③挂锚网→④打锚杆眼→⑤安装 20 t 恒阻大变形锚杆并施加预紧力→⑥打顶帮锚索眼→⑦安装 35 t 恒阻大变形锚索→⑧安装底角 35 t 恒阻锚索→⑨设长期矿压观测点(每 50 m 一个)。

6.3.2　不需要喷浆支护施工过程

①全煤巷道掘进→②挂锚网→③打锚杆眼→④安装 20 t 恒阻大变形锚杆并施加预紧力→⑤打顶帮锚索眼→⑥顶帮安装 35 t 恒阻大变形锚索→⑦安装底角 35 t 恒阻锚索→⑧设长期矿压观测点。

施工过程中,部分步序可根据现场施工条件采用平行作业方式,以加快施工进度。

6.4　恒阻锚杆锚索施工新工艺

6.4.1　喷浆

对于揭露泥岩的段的巷道或者巷道有淋水现象的,为避免围岩风化,要及时进行喷浆封闭围岩,喷浆采用混凝土强度等级为 C20,水泥为 425# 普通硅酸盐水泥,河沙为粒径 0.35~0.5 mm 的中粗沙,石子粒径为 5~10 mm,含水率不大于 5%,初喷厚度为 50 mm。复喷采用相同喷射混凝土材料,复喷厚度为 50 mm。复喷前要检查锚杆安装挂网是否到位,预紧力是否合格。

喷射前应做好以下准备工作:①检查巷道是否欠挖;②拆除作业面障碍物,清除开挖面的浮石和墙脚的石渣、堆积物;③用高压风或水将受喷面冲洗干净;④埋设控制喷射混凝土厚度的标志;⑤及时清理回弹物。

6.4.2　恒阻大变形锚杆安装工艺

6.4.2.1　打锚杆孔

打孔前,首先按照中、腰线严格检查巷道断面规格,不符合作业规程要求时必须先进行处理;打孔前要先敲帮问顶,仔细检查顶帮围岩情况,敲帮问顶、确认安全后,方可开始工作。锚杆孔的位置要准确,孔位误差不得超过 100 mm,锚杆孔垂直于巷道轮廓线,孔向误差不得大于 15°。锚杆孔深度应与锚杆长度相匹配,本次试验采用恒阻锚杆长度为 3 000 mm,锚杆外露长度为 100 mm,锚杆孔长度为 2 900 mm。打孔时应在钎子上做好标志,严格按锚杆长度打孔,锚杆孔打好后,应将眼内的岩渣、积水清理干净。打孔时,必须在前探梁的掩护下操作。打孔应按由外向里、先顶后帮的顺序依次进行。

锚杆孔深度及扩孔参数如图 6-3 所示。

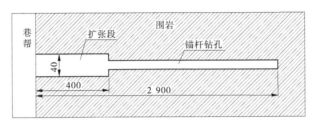

图 6-3　锚杆孔深度及扩孔参数 （单位:mm）

初次打孔至设计长度,直径为 28 mm;为安装锚杆恒阻器,还需在孔口处进行扩孔,采用 SY-40 扩孔器,扩孔直径为 40 mm,扩孔深 400 mm。

6.4.2.2　安装恒阻大变形锚杆

安装前,应将眼孔内的积水、岩(煤)粉用压风吹扫干净。吹扫时,操作人员应站在孔口一侧,眼孔方向不得有人,把 3 支 MSK2335# 树脂锚固剂送入孔底,把锚杆插入锚杆孔内,使锚杆顶住树脂锚固剂,外端头套上恒阻器、托盘、螺帽,开动锚杆钻机,使钻机带动杆体旋转,将锚杆旋入树脂锚固剂,对锚固剂进行搅拌,直至锚杆达到设计深度,停止钻机运转,用钻机顶压锚杆 2 min 后,拧紧螺帽给锚杆施加预紧力,最后卸下钻机。

恒阻大变形锚杆安装参数如图 6-4 所示。

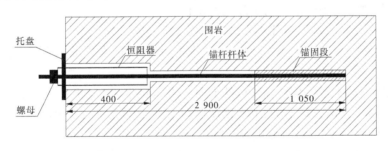

图 6-4　恒阻大变形锚杆安装参数 （单位:mm）

6.4.2.3　技术要求

(1)锚杆的锚固力不小于 25 t。
(2)锚杆的预紧力为 16(±1)t。
(3)锚杆间、排距误差不大于 ±100 mm。
(4)锚杆外露索具长度小于 100 mm。

6.4.3　恒阻大变形锚索安装工艺

6.4.3.1　打锚索孔

锚索孔施工要求和锚杆孔施工要求相同，顶部采用长为 8.5 m 的锚索，出露端长度为 200 mm，锚索孔深度为 8.3 m。帮部采用长为 6.5 m 的锚索，出露端长度为 200 mm，锚索孔深度为 6.3 m。顶部锚索孔深度及扩孔参数如图 6-5 所示。

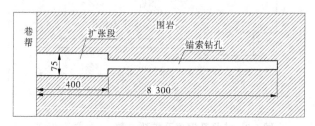

图 6-5　顶部锚索孔深度及扩孔参数　（单位：mm）

6.4.3.2　安装工艺

(1)采用普通单体锚杆机配中空六方接长式钻杆和三翼钻头湿式打眼（或者矿上自配钻机）。为保证孔深准确，可在起始钻杆上用白色或黄色油漆标出终孔位置。初次打孔至设计深度，直径为 28 mm；然后在孔口处扩孔，扩孔直径为 70 mm，扩孔深 400 mm。

(2)使用锚固剂前应检查其质量（以手感柔软为合格），并注意快凝药卷在上，缓凝药卷在下。先向锚索孔插入 2 支 MSZ2335# 快速树脂药卷，再插入 3 支 MSK2335# 中速树脂药卷。

(3)用棉丝将锚索锚固段的水、煤岩屑等擦干净。

(4)锚索外端装上专用搅拌驱动器，2 人配合用锚索顶住锚固剂缓缓送入钻孔（注意不能反复抽拉锚索），确保锚固剂全部送到孔底。

(5)将专用搅拌驱动器尾部六方头插入锚杆机上。

(6)一人扶住机头，一人操作锚杆机，边推进边搅拌，前半程慢速旋转，后半程快速旋转。

(7)停止搅拌，但继续保持锚杆机的推力约 2 min，并移开打下一个锚索孔。

(8)等锚固剂终凝以后，先卸下专用搅拌驱动器，依次装上工字钢托梁、恒阻器、托盘或工字钢梁、锚具，并将其托到紧贴顶板的位置。

(9)2 人一起将张拉千斤顶套在锚索上并用手托住。开泵进行张拉，并注意观察压力表读数，达到设计预紧力，千斤顶行程结束时，迅速换向回程。

(10)卸下张拉千斤顶（注意用手接住，避免坠落）。

顶部恒阻大变形锚索安装参数如图 6-6 所示。

6.4.3.3　技术要求

(1)恒阻大变形锚索预紧力为 25(±1)t，现场要严格按照要求施加预紧力，进行定期、定量检测。

(2)锚索的锚固力不小于 42 t，按照如上设计，现场要进行锚固力拉拔试验，如果锚固力不够，要增加树脂药卷根数（长度）。为了保证搅拌时间，建议采用中速药卷。

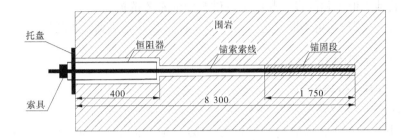

图 6-6　顶部恒阻大变形锚索安装参数　（单位：mm）

(3)锚索安装 48 h 后,如发现预紧力下降,必须及时补拉张力。若发现锚固不合格的锚索,必须立即在其附近补打合格的锚索,或者用张拉器将不合格的锚索拔出,然后用钻机将原来的钻孔清一遍,重新安装锚索。

(4)锚索露出托盘的长度不大于 300 mm。

6.4.4　底角注浆锚索安装

底角注浆锚索的安装具体步骤为:

(1)沿巷道两底角分别开凿一个与底板成 45°夹角的槽,具体见支护设计图。

(2)根据恒阻大变形锚索安装工艺,在锚索孔中进行灌浆,对底角锚索采用树脂和灌浆全长锚固。

(3)恒阻大变形锚索预紧力为 25(±1)t,锚固力不小于 42 t。

6.4.5　工字钢托梁安装工艺

(1)工字钢托梁作为恒阻大变形锚索的托梁,在安装恒阻大变形锚索时,要把工字钢托梁同时安装。

(2)将恒阻器套管插入工字钢托梁两端开孔内,两人抬起托梁两端,第三人将恒阻器安装到已锚固的锚索索线上,将托梁托到紧贴顶板的位置。

(3)装上索具,施加预紧力,直到工字钢托梁稳固,才可放开。

6.5　矿压监测

6.5.1　矿压监测的目的

完整的现场监测资料可以为巷道支护的成功实施提供基础数据,是巷道支护工程得以巩固和发展的重要保证。其主要目的在于:

(1)掌握巷道围岩动态及其规律性,为巷道支护进行日常动态化管理提供科学依据。

(2)为检验支护结构、设计参数及施工工艺的合理性,修改、优化支护参数和合理确定二次支护时间提供科学依据。

(3)监控巷道支护的施工质量,对支护状况进行跟踪反馈和预测,及时发现工程隐患,以保证施工安全和软岩巷道稳定。

(4)为其他类似工程的设计与施工提供全面的参考依据。

(5)通过监测资料,可判断巷道工程的质量检查和是否达到验收的标准。

6.5.2 矿压监测内容

6.5.2.1 巷道表面位移观测

通过巷道表面位移观测数据,可较好地判定巷道围岩的运动情况,分析围岩是否进入稳定状态。巷道表面位移监测包括两帮相对移近、顶底板相对移近、顶板下沉、底臌四项内容。

6.5.2.2 巷道顶板离层监测

顶板失稳往往造成冒顶事故,顶板的稳定性是各类巷道围岩稳定性判定的核心,在锚网索支护巷道中更是如此。为此,在本次大断面巷道支护实施过程中,要及时掌握巷道顶板在锚固范围之内与锚固范围之外的离层情况,及早发现顶板失稳征兆,避免冒顶事故发生,同时还可为完善支护参数提供依据。

恒阻大变形锚杆锚索耦合支护段巷道,表面位移观测点布置(见图6-7)要求如下:

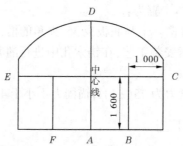

图6-7　巷道表面位移测点布置示意图　(单位:mm)

(1)按设计位置布置1组表面位移监测断面,每组测点包括6个点:顶板(D)测点、底板3个测点(F、A、B)和两帮测点(E、C)。测点布置时,保证顶底测点连线与两帮测点连线垂直。

(2)底板测点(F、A、B)采用打短锚杆的方式布设,顶部和两帮测点布置在断面锚索锚杆上。测点锚杆打入巷道围岩不小于400 mm。锚杆打入底板后外露长度不小于50 mm,以保证测点的定位。

(3)测点布设后应做好记号,记录与巷道特征点的距离并编号,在施工中注意保护,以确保测量数据的准确性和可靠性。

用巷道收敛仪或可伸缩测杆,分别测量各测点到基准点的距离,测点相邻两次测试数据的差值即为两点相对移近量,以此累加相邻两次测试数据的差值即可得两点相对总移近量。

测点距迎头100 m以内时,每天都必须进行日常观测,大于100 m时,每周观测3次。每次观测数据需要做好记录表,及时整理,并根据观测结果提出相关建议。每天观测记录及分析应及时上报有关人员。

从巷道表面位移观测曲线可以看出:巷道的支护状况良好,最大两帮收缩量为84 mm,最大底臌量为104 mm,最大顶沉量为41 mm,在工程允许变形范围内,围岩变形量得到了有效控制。通过围岩变形观测可知,巷道围岩变形主要经历了 3 个阶段:剧烈变形→减缓变形→稳定。在巷道开挖支护后的 10~18 d 内,由于岩层压力较大,在恒阻大变形锚杆(索)恒定工作阻力作用下释放部分能量,变形较为剧烈;在 18~45 d 监测期间,围岩应力分布不断地调整,趋于均匀化,加上此时受到恒阻大变形锚杆(索)的高支护阻力的约束,围岩变形放缓;在约 50 d 之后,随着围岩膨胀能、塑性能的充分释放,作用在锚杆上的载荷降低到锚杆(索)恒阻值以下,巷道保持稳定。

测站 I 围岩移近位移与时间的曲线见图 6-8。

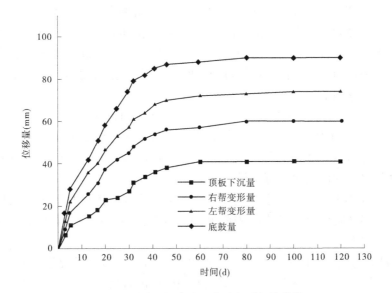

图 6-8 测站 I 围岩移近位移与时间的曲线

测站 II 围岩移近位移与时间的曲线见图 6-9。

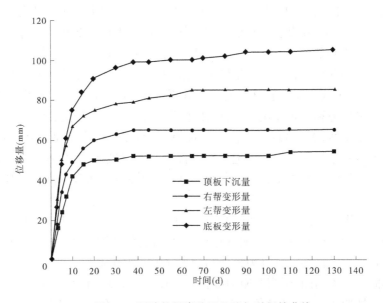

图 6-9 测站 II 围岩移近位移与时间的曲线

第 7 章　总　结

本书在大量现场调研和资料分析的基础上,采用实地测试、理论分析、数值模拟等方法,对近直立煤层冲击地压发生的特征和影响因素、煤层开挖后围岩应力和能量分布特征进行了深入分析,揭示了乌东煤矿南采区近直立煤层组冲击地压类型和其能量机理。对恒阻大变形锚杆锚索进行力学性能测试,分别对静力拉伸和动力冲击作用下的支护阻力和变形进行了测试分析。阐述了防冲支护的必要性,总结了巷道防冲支护原则,提出以恒阻大变形锚杆锚索为主要支护材料的防冲支护形式,并通过理论分析和数值模拟进行验证。具体研究结论如下。

(1)在分析乌东煤矿南区近直立煤层区域地质构造的基础上,采用空心包体应力解除方法,对该矿进行了地应力测试,结果表明,该区域地应力场属于 $\sigma_H > \sigma_h > \sigma_v$ 型,地应力以水平构造应力为主。最大主应力方向与煤层和回采巷道走向的夹角约为 82°,对回采巷道和顶底板岩层的稳定性极为不利。

(2)对 B3+6 煤层及其顶底板进行了物理力学参数测试和冲击倾向性测试分析,结果表明,B3+6 煤层顶底板粉砂岩具有致密、坚硬的特点,B3+6 煤层及其顶底板粉砂岩均具有中等冲击倾向性。

(3)通过对乌东煤矿南采区现场三次典型的冲击地压显现情况进行分析,得到了冲击地压发生的影响因素主要为:①开采煤层及顶底板围岩具有中等冲击倾向性;②区域地质构造及地应力;③煤层地质赋存状态及坚硬顶板;④开采水平上部遗留煤柱;⑤强烈的开采扰动等因素。

(4)采用数值模拟方法分析其围岩应力分布特征可知,应力集中主要分布在开采水平以下 30~70 m 范围内 B6 煤层及其顶板交界处,其中最大应力集中区位于开采水平以下 50 m 处,应力集中系数为 2.9~3.1。应力集中的主要原因为:350 m 高的 B6 煤层坚硬顶板在水平不平衡力和重力作用下发生倾斜变形,对开采水平以下煤岩体形成巨大挤压作用,形成高应力集中区。同时通过数值模拟分析可知,B3+6 煤层遗留煤柱时,中间岩柱体受不平衡水平应力和自重作用,在岩柱体底部形成巨大力矩作用,并在 B1+2 采空区发生弯曲,造成 B3 底板岩层出现垂直拉应力现象,从而在岩体内部聚集张拉弹性能量。分析了数值模拟计算结果和现场冲击地压发生特征及围岩破坏情况,提出了乌东煤矿南采区近直立冲击地压的两种类型,即坚硬顶板高应力型冲击地压和中间岩柱体力矩冲击地压。

(5)论述了恒阻大变形锚杆锚索的结构组成和技术特点。对恒阻大变形锚杆锚索进行静力拉伸和动力冲击试验,结果表明,恒阻大变形锚杆锚索耐受较大变形的同时保持恒定支护阻力的超强力学性能。其静力拉伸和动力冲击时工作阻力与设计的恒阻值基本一致。静力拉伸曲线分为增阻、恒阻和阻力降低三个阶段。在增阻、恒阻阶段,其拉伸曲线几乎为理想弹塑性曲线,这是其具备超常力学性能的原因所在。采用重锤自由落体作为动力冲击载荷,对恒阻大变形锚杆锚索进行动力学测试,试验结果表明,在动力冲击作用下,恒阻大变形锚杆锚索仍能保持稳定的工作阻力。在冲击过程中,通过恒阻器滑移变形吸收冲击能量同时减弱动力载荷对杆体的冲击作用,表明恒阻大变形锚杆锚索具备较强的抗冲击作用。

(6)论述了冲击地压的特点和对巷道围岩的破坏作用,基于此,提出防冲支护系统应具备高支护强度、变形让压、恒定阻力和瞬间吸收冲击能量的特性。从防冲支护要求和恒阻大变形锚杆锚索支护原理出发,得到恒阻大变形锚杆锚索防冲作用机理为:①高预应力高强支护提高了围岩整体强度;②在保持支护阻力基本不变的情况下,能够与冲击围岩产生协调大变形;③能够瞬间吸收冲击能量。

(7)总结论述了主要防冲支护原则有:①避免冲击地压原则;②预先评估;③采用大变形吸能主动支护;④加强关键部位支护;⑤加强护表及整体支护等。提出采用恒阻大变形锚杆锚索为主要支护材料的防冲支护技术,根据耦合支护原理和恒阻大变形锚杆锚索特性提出了自动耦合支护概念。针对乌东南采区近直立煤层+450 m 水平 B3 巷道地质概况和冲击地压显现特点,根据其工程地质概况进行恒阻大变形防冲支护设计,提出大断面预留量+20 t 恒阻大变形锚杆+钢筋网+钢带+35 t 恒阻大变形锚索+底角 35 t 恒阻锚索的耦合支护形式。

(8)根据能量平衡原理,对恒阻大变形锚杆锚索防冲支护动载适应性进行研究论证,表明以该恒阻大变形锚杆锚索为主要支护材料的防冲支护方案能够有效地控制较大矿震震级冲击地压的破坏作用。利用数值模拟方法对恒阻大变形锚杆锚索防冲支护进行研究,验证了理论分析,表明恒阻大变形锚杆锚索为主要支护材料的耦合支护具有良好的防冲能力。

(9)针对具体工程现场进行恒阻大变形锚杆(索)支护应用,巷道最终变形量在允许范围内,满足生产使用要求,巷道整体稳定,支护效果较好。

参考文献

［1］何满潮,钱七虎.深部岩体力学基础［M］.北京:科学出版社,2010.

［2］钱鸣高,石平五,许家林,等.矿山压力与岩层控制［M］.徐州:中国矿业大学出版社, 2010.

［3］窦林名,赵从国,杨思光,等.煤矿开采冲击地压灾害防治［M］.徐州:中国矿业大学出版社,2006.

［4］张科学.构造与巨厚砾岩耦合条件下回采巷道冲击地压［D］.北京:中国矿业大学,2015.

［5］蓝航.浅埋煤层冲击地压发生类型及防治对策［J］.煤炭科学技术,2014,42(1):9-14.

［6］何满潮,郭志飚.恒阻大变形锚杆力学特性及其工程应用［J］.岩石力学与工程学报,2014,33(7):214 - 221.

［7］Bieniawski A T, Denkhaus H G, VoglerU W. Failure of Fracture Rock［J］. Int. J. Rock. Mech. Min. Sci, 1969, 6:323-330.

［8］Hoek E, Brown E T. Empirical Strength Criterion for Rock Masses. ［J］. Geotech. Engng. Div. , ASCE 106 (GT9),1980:1013-1035.

［9］张寅.强冲击危险矿井冲击地压灾害防治［M］.北京:煤炭工业出版社,2011.

［10］Burgert W G,Lippmann H. Rock Bursting as An Instability Phenomenon［J］. Mechanics Research Communications,1975, 2: 295-296.

［11］李玉生.冲击地压机理及其初步应用［J］.中国矿业大学学报,1985(3):37-24.

［12］Cook N G W. The Application of Seismic Techniques to Problems in Rock Mechanics ［J］. Int Journ Rock Mesh and Min Science,1964, 1:169-179.

［13］Cook N G W, Hoek E, Pretorius J P G, et al. Rock Mechanics Applied to the Study of Rock Bursts ［J］. Afr. Inst, Min. Metall, 1965, 66:435-528.

［14］Wawersik W K, Fairhurst C A. A Study of Brittle Rock Fracture in Laboratory Compression Experiments ［J］. Int. J. Rock Mech. Min. Sci. & Geomech,1970, 7: 561-575.

［15］Cook N G W. Origin of Rockburst ［M］. Rockburts: Prediction and Control, Institution of Mining and Metallurgy, London, 1983: 1-9.

［16］И. M. 佩图霍夫. 冲击地压和突出的力学计算方法［M］. 段克信,译. 北京:煤炭工业出版社,1994.

［17］G. 布霍依诺.矿山压力与冲击地压［M］. 李玉生,译. 北京:煤炭工业出版社,1985.

［18］潘俊锋, 连国明, 齐庆新,等.冲击危险性厚煤层综放开采冲击地压发生机理［J］.煤炭科学技术,2007(6):87-90.

［19］李铁,郝相龙. 深部开采动力灾害机理与超前辨识［M］. 徐州:中国矿业大学出版社,2009.

［20］李凡. 急倾斜煤层冲击倾向性理论与应用研究［D］.阜新:辽宁工程技术大学,2010.

［21］夏均民,张开智. 冲击倾向性理论在工程实践中的应用［J］. 矿山压力与顶板管理,2003(4):97-99,119.

［22］齐庆新,彭永伟,李宏艳,等.煤岩冲击倾向性研究［J］.岩石力学与工程学报,2011,30(增1):2736-2742.

［23］王文婕. 煤层冲击倾向性对冲击地压的影响机理研究［D］.北京:中国矿业大学,2013.

［24］Brady B H G, Brown E T. Energy Changes and Stability in Underground Mining: Design Applications of Boundary Element Methods［J］. Transactions, Institution of Mining and Metallurgy, 1981, 90: A61-8.

[25] 章梦涛,潘一山,刘成丹.矿井煤岩体变形失稳问题的研究[J].辽宁工程技术大学学报,1992,11(2):13-19.

[26] 章梦涛.冲击地压失稳理论与数值模拟计算[J].岩石力学与工程学报,1987,3:197-204.

[27] 章梦涛,徐曾和,潘一山.冲击地压和突出的统一失稳理论[J].煤炭学报,1991,4:48-53.

[28] 潘一山,章梦涛,李国臻.稳定性动力准则的圆形洞室岩爆分析[J].岩土工程学报,1993,15(3):59-66.

[29] Saunders P T.突变理论入门[M].凌复华,译.上海:上海科学技术文献出版社,1983.

[30] 潘一山,章梦涛.用突变理论分析冲击发生的物理过程[J].阜新矿业学院学报,1992(1):12-18.

[31] 尹光志,李贺,鲜学福,等.煤岩体失稳的突变理论模型[J].重庆大学学报,1994(1):23-28.

[32] 潘岳,王志强.窄煤柱冲击地压的折迭突变理论[J].岩土力学,2004,25(1):24-30.

[33] 潘岳,王志强.岩体动力失稳的功、能增量——突变理论研究方法[J].岩石力学与工程学报,2004,25(9):1433-1438.

[34] 高明仕,窦林名,张农,等.煤(矿)柱失稳冲击破坏的突变模型及其应用[J].中国矿业大学学报,2005,34(4):433-437.

[35] 高明仕,窦林名,张农,等.冲击矿压巷道围岩控制的强弱强力学模型及其应用分析[J].煤矿支护,2008(2):359-364.

[36] 左宇军,李夕兵,马春德.动静组合载荷作用下岩石失稳破坏的突变理论模型与试验研究[J].岩石力学与工程学报,2005,24(5):741-746.

[37] 左宇军,李夕兵,赵国彦.洞室层裂屈曲岩爆的突变模型[J].中南大学学报(自然科学版),2005(2):311-316.

[38] 左宇军,李夕兵,赵国彦.受静载荷作用的岩石动态断裂的突变模型[J].煤炭学报,2004(6):654-658.

[39] 唐春安,徐小荷.岩石破裂过程失稳的尖点灾变模型[J].岩石力学与工程学报,1990(2):100-107.

[40] 唐春安,脆性材料破坏过程分析的数值实验方法[J].力学与实践,1999,21(2):21-24.

[41] Tang C A,Kaiser P K. Numerical Simulation of Cumulative Damage and Seismic Energy Re-Lease During Brittle Rock Failure-part 1:Fundamentals[J]. International Journal of Rock Mechanics and Mining Sciences,1998,35(2):123-134.

[42] Wang J A,Park H D. Comprehensive Prediction of Rockburst Based on Analysis of Strain Energy in Rocks. [J]. Tunnelling and Underground Space Technology,2001,16(1):49-57.

[43] 齐庆新.岩层煤岩体结构破坏的冲击地压理论与实践研究[D].北京:煤炭科学研究总院,1996.

[44] 齐庆新,史元伟,刘天泉.冲击地压粘滑失稳机理的实验研究[J].煤炭学报,1997(2):144-148.

[45] 齐庆新,高作志,王升.层状煤岩体结构破坏的冲击地压理论[J].煤矿开采,1998(2):14-17.

[46] 谢和平,Pariseau W G.岩爆的分形特征及机理[J].岩石力学与工程学报,1993,12(1):28-37.

[47] Xie H P. Fractal Character and Mechanism of Rock Bursts[J]. International Journal of Rock Mechanics and Mining Sciences & Geomechanics Abstract,1993,30(40):343-350.

[48] 谢和平,鞠杨,黎立云,等.岩体变形破坏过程的能量机理[J].岩石力学与工程学报,2008(9):1729-1740.

[49] 谢和平,高峰,周宏伟,等.岩石断裂和破碎的分形研究[J].防灾减灾工程学报,2003(4):1-9.

[50] 谢和平.分形几何及其在岩土力学中的应用[J].岩土工程学报,1992(1):14-24.

[51] 窦林名,何学秋.煤岩混凝土冲击破坏的弹塑脆性模型[C]//第七届全国岩石力学大会论文.北京:中国科学技术出版社,2002.

[52] 窦林名,陆菜平,牟宗龙,等.冲击矿压的强度弱化减冲理论及其应用[J].煤炭学报,2005,30
(5):690-694.

[53] 缪协兴,翟明华,张晓春,等.岩(煤)壁中滑移裂纹扩展的冲击地压模型[J].中国矿业大学学报,
1999,28(1):23-26.

[54] 缪协兴,孙海,吴志刚.徐州东部软岩矿区冲击矿压机理分析[J].岩石力学与工程学报,1999,18
(4):428-431.

[55] 黄庆享,高召宁.巷道冲击地压的损伤断裂力学模型[J].煤炭学报,2001,22(2):156-159.

[56] 冯涛,潘长良.洞室岩爆机理的层裂屈曲模型[J].中国有色金属学报,2000,10(2):287-290.

[57] 冯涛,潘长良,王宏图,等.测定岩爆岩石弹性变形能量指数的新方法[J].中国有色金属学报,
1998(27):165-168.

[58] 冯涛,谢学斌,潘长良,等.岩爆岩石断裂机理的电镜分析[J].中南工业大学学报(自然科学版),
1999(1):14-17.

[59] 冯涛,谢学斌,王文星,等.岩石脆性及描述岩爆倾向的脆性系数[J].矿冶工程,2000(4):18-19.

[60] Vesela V. The Investigation of Roekburst Focal Mechanisms at Lazy Coal Mine[J]. Czech RepubLic. In-
ternational Journal of Rock Mechanics and Mining Sciences& Geomechanics Abstract, 1996,33(8):
380A.

[61] Beck D A, Brady B H G. Evaluation and Application of Controlling Parameters for Seismic Events in
Hard-rock Mines[J]. International Journal of Rock Mechanics and Mining Sciences, 2002, 39(5):
633-642.

[62] Vardoulakis I. Rock Bursting as A Surface Instability Phenomenon[J]. International Journal of Rock Me-
chanics and Mining Sciences & Geomechanics Abstract,1984,21:137-144.

[63] Lippmann H. Mechanics of "Bumps" in Coal Mines:A Discussion of Violent Deformations in the Sides of
Roadways in Coal Seams[J]. Applied Mechanics Reviews, 1987, 40(8):1033-1043.

[64] Lippmann H. Mechanical Considerations of Bumps in Coal Mines[C]//Fairhurst C. Rock Burstsind Seis-
micity in Mines. Rotterdam : Balkema, 1990 : 279-284.

[65] Lippmann H.煤矿中"突出"的力学:关于煤层中通道两侧剧烈变形的讨论[J].力学进展,1989
(19):100-113.

[66] Lippmann H,张江,寇绍全.关于煤矿中"突出"的理论[J].力学进展,1990,20(4):452-466.

[67] 何满潮,刘冬桥,宫伟力,等.冲击岩爆试验系统研发及试验[J].岩石力学与工程学报,2014(9):
1729-1739.

[68] 何满潮,赵菲,杜帅,等.不同卸载速率下岩爆破坏特征试验分析[J].岩土力学,2014(10):2737-
2747,2793.

[69] 何满潮,苗金丽,李德建,等.深部花岗岩试样岩爆过程实验研究[J].岩石力学与工程学报,2007
(5):865-876.

[70] 何满潮,杨国兴,苗金丽,等.岩爆实验碎屑分类及其研究方法[J].岩石力学与工程学报,2009,
28(8):1521-1529.

[71] He M C,Miao J, Feng J. Strain Burst Process of Limestone and Its Acoustic Emission Characteristics Un-
der True-Triaxial Unloading Conditions[J]. Int. J. Rock Mech. Min. Sci. ,2010,47:286-298.

[72] He M, Xia H, Jia X, et al.. Studies on Classification,Criteria and Control of Rockbursts[J]. J. Rock
Mech. Geotech. Eng. ,2012, 4(2):97-114.

[73] HE M C. Rock Mechanics and Hazard control in Deep Mining Engineering in China[C]// Proceedings of
the 4th Asian Rock Mechanics Symposium. Singapore:World Scientific Publishing Co. Ltd. , 2006:

29-46.

[74] 苗金丽.岩爆的能量特征实验分析[D].北京:中国矿业大学,2009.

[75] 聂雯.层状砂岩岩爆特性实验研究[D].北京：中国矿业大学,2011.

[76] Cai M, Kaiser P K, Tasaka Y, et al. Determination of Residual Strength Parameters of Jointed Rock Masses Using the GSI System[J]. International Journal of Rock Mechanics and Mining Sciences,2007, 44(2):247-265.

[77] 姜耀东.煤岩冲击失稳的机理和实验研究[M].北京:科学出版社,2009.

[78] 赵毅鑫,肖汉,黄亚琼.霍普金森杆冲击加载煤样巴西圆盘劈裂试验研究[J].煤炭学报,2014 (2):286-291.

[79] 赵毅鑫,姜耀东,祝捷,等.煤岩组合体变形破坏前兆信息的试验研究[J].岩石力学与工程学报, 2008(2):339-346.

[80] 赵毅鑫,姜耀东,张雨.冲击倾向性与煤体细观结构特征的相关规律[J].煤炭学报,2007(1):64- 68.

[81] 赵毅鑫,姜耀东,韩志茹.冲击倾向性煤体破坏过程声热效应的试验研究[J].岩石力学与工程学 报,2007(5):965-971.

[82] 吕玉凯,蒋聪,成果,等.不同冲击倾向煤样表面温度场与变形场演化特征[J].煤炭学报,2014 (2):273-279.

[83] 李海涛,宋力,周宏伟,等.率效应影响下煤的冲击特性评价方法及应用[J].煤炭学报,2015(12): 2763-2771.

[84] 孟磊.含瓦斯煤体损伤破坏特征及瓦斯运移规律研究[D].北京:中国矿业大学,2013.

[85] 李宏艳,康立军,徐子杰,等.不同冲击倾向煤体失稳破坏声发射先兆信息分析[J].煤炭学报, 2014(2):384-388.

[86] 徐子杰,齐庆新,李宏艳,等.冲击倾向性煤体加载破坏的红外辐射特征研究[J].中国安全科学学 报,2013(10):121-125.

[87] 苏承东,高保彬,南华,等.不同应力路径下煤样变形破坏过程声发射特征的试验研究[J].岩石力 学与工程学报,2009(4):757-766.

[88] 苏承东,袁瑞甫,翟新献.城郊矿煤样冲击倾向性指数的试验研究[J].岩石力学与工程学报,2013 (S2):3696-3704.

[89] 郭建卿,苏承东.不同煤试样冲击倾向性试验结果分析[J].煤炭学报,2009(7):897-902.

[90] Vacek J,Chocholoušová J. Rock Burst Mechanics:Insight from Physical and Mathematical Modelling [J]. Acta Polytechnica,2008,48(6):38-44.

[91] Burgert W , Lippman M. Models of Translatory Rock Bursting in Coal[J]. Int. J. Rock Mech. Sci. & Geomech. Abstr, 1981,18:285-294.

[92] Burgert W, Lippmann H. Models of Translatory Rock Bursting in Coal[J]. International Journal of Rock Mechanics and Mining Sciences & Geomechanics Abstract,1981,18:194-285.

[93] Brauner G. Rock Bursts in Coal Mines and Their Prevention[M]. Rotterdam : Balkema, 1994.

[94] 潘一山,章梦涛,王来贵,等.地下硐室岩爆的相似材料模拟试验研究[J].岩土工程学报,1997,19 (4):49-56.

[95] 潘一山.冲击地压发生和破坏过程研究[D].北京:清华大学,1999.

[96] 张晓春,杨挺青,缪协兴.岩石裂纹演化及其力学特性的研究进展[J].力学进展,1999,29(1):97- 104.

[97] 张晓春,杨挺青,缪协兴.冲击地压的模拟实验研究[J].岩土工程学报,1992,21(1):66-70.

[98] 张晓春,翟明华,缪明华.三河尖煤矿冲击地压发生机制分析[J].岩石力学与工程学报,1998,17(5):508-513.

[99] 史俊伟,朱学军,孙熙正.巨厚砾岩诱发冲击地压相似材料模拟试验研究[J].中国安全科学学报,2013,23(2):117-122.

[100] 吕祥锋,王振伟,潘一山.煤岩巷道冲击破坏过程相似模拟试验研究[J].实验力学,2012,27(3):311-318.

[101] 吕祥锋,潘一山.刚柔耦合吸能支护煤岩巷道冲击破坏相似试验与数值计算对比分析[J].岩土工程学报,2012(3):477-482.

[102] 潘一山,张永利,徐颖,等.矿井冲击地压模拟试验研究及应用[J].煤炭学报,1998(6):32-37.

[103] 姜福兴,魏全德,王存文,等.巨厚砾岩与逆冲断层控制型特厚煤层冲击地压机理分析[J].煤炭学报,2014,39(7):1191-1196.

[104] 牟宗龙,窦林名,李慧民,等.顶板岩层特性对煤体冲击影响的数值模拟[J].采矿与安全工程学报,2009,26(3):25-30.

[105] 牟宗龙,窦林名,张广文,等.断层对工作面冲击危险影响的数值模拟分析[J].煤矿支护,2009(2):21-24.

[106] 姜耀东,王涛,赵毅鑫,等.采动影响下断层活化规律的数值模拟研究[J].中国矿业大学学报,2013,42(1):1-5.

[107] 蓝航.近直立特厚两煤层同采冲击地压机理及防治[J].煤炭学报,2014(S2):308-315.

[108] 杜涛涛,陈建强,蓝航,等.近直立特厚煤层上采下掘冲击地压危险性分析[J].煤炭科学技术,2016(2):123-127.

[109] 张基伟.王家山矿急倾斜煤层长壁开采覆岩破断机理及强矿压控制方法[D].北京:北京科技大学,2015.

[110] 张基伟,古亚丹,王金安,等.急倾斜煤层支承压力分布特征研究[J].煤矿安全,2015(5):67-70.

[111] 邓利民,张芳,于华.倾斜煤层冲击地压危险状况的数值模拟研究[A]//中国岩石力学与工程学会岩石动力学专业委员会.第七届全国岩石动力学学术会议文集[C].中国岩石力学与工程学会岩石动力学专业委员会,2000.

[112] 陆卫东,程刚.基于FLAC(3D)的急倾斜特厚煤层水平分层开采围岩应力分析[J].煤矿安全,2016(1):200-203.

[113] 鞠文君.急倾斜特厚煤层水平分层开采巷道冲击地压成因与防治技术研究[D].北京:北京交通大学,2009.

[114] 易永忠,曹建涛,来兴平,等.急斜煤层水平分层综放开采围岩失稳特征分析[J].西安科技大学学报,2009,29(5):505-514.

[115] 何满潮,王炯,孙晓明,等.负泊松比效应锚索的力学特性及其在冲击地压防治中的应用研究[J].煤炭学报,2014,39(2):214-221.

[116] 康红普,吴拥政,何杰,等.深部冲击地压巷道锚杆支护作用研究与实践[J].煤炭学报,2015,40(10):2225-2233.

[117] 高明仕.冲击矿压巷道围岩的强弱强结构控制机理研究[D].徐州:中国矿业大学,2006.

[118] 高明仕,贺永亮,陆菜平,等.巷道内强主动支持与弱结构卸压防冲协调机制[J].煤炭学报,2020,45(08):2749-2759.

[119] 王凯兴,潘一山.冲击地压矿井的围岩与支护统一吸能防冲理论[J].岩土力学,2015,36(9):2585-2590.

[120] 王平,姜福兴,王存文,等.大变形锚杆索协调防冲支护的理论研究[J].采矿与安全工程学报,

2012,29(2):191-196.

[121] 王斌,李夕兵,马春德,等.岩爆灾害控制的动静组合支护原理及初步应用[J].岩石力学与工程学报,2014,33(6):1169-1178.

[122] 潘一山,肖永惠,李忠华,等.冲击地压矿井巷道支护理论研究及应用[J].煤炭学报,2014,39(2):222-228.

[123] Peter K Kaiser, Ming Cai. Design of Rock Support System Under Rockburst Condition[J]. Journal of Rock Mechanics and Geotechnical Engineering,2012, 4 (3): 215-227.

[124] Ming Cai. Principles of Rock Support in Burst-Prone Ground[J]. Tunnelling and Underground Space Technology 2013,36:46-56.

[125] 吕祥锋,潘一山,李忠华,等.高速冲击作用下锚杆支护巷道变形破坏研究[J].煤炭学报,2011,36(1):24-28.

[126] D Raju Guntumadugu. Methodology for the Design of Dynamic Rock Supports in Burst Prone Ground[D]. Montreal, Canada:McGill University,2013.

[127] 王盛泽,高国英.新疆及其邻近地区现代构造应力场的区域特征[J].地震学报,1992,14(s):612-620.

[128] 蔡美峰,何满潮,刘东燕.岩石力学与工程[M].北京:科学出版社,2002.

[129] 蔡美峰,郭奇峰,李远.平煤十矿地应力测量及其应用[J].北京科技大学学报,2013,35(11):1399-1406.

[130] 蔡美峰,刘卫东,李远.玲珑金矿深部地应力测量及矿区地应力场分布规律[J].岩石力学与工程学报,2010,29(2):227-233.

[131] 康红普,姜铁明,张晓.晋城矿区地应力场研究及应用[J].岩石力学与工程学报,2009(1):1-7.

[132] 王连国,陆银龙,杨新华,等.霍州矿区地应力分布规律实测研究[J].岩石力学与工程学报,2010,29(5):2768-2774.

[133] 潘一山,耿琳,李忠华.煤层冲击倾向性与危险性评价指标研究[J].煤炭学报,2010,35(12):1975-1978.

[134] 齐庆新,窦林名.冲击地压理论与技术[M].徐州:中国矿业大学出版社,2008.

[135] 中华人民共和国国家质量监督检验检疫总局、中国国家标准化管理委员会.冲击地压测定、监测与防治方法 第1部分:顶板岩层冲击倾向性分类及指数的测定方法:GB/T 25217.1—2010[S].北京:中国标准出版社,2011.

[136] Kidybinski A. Bursting Liability Indices of Coal[J]. Int J Rock Mech Min Sci & Geomech Abstr,1981,18(2):295-304.

[137] 李庶林,冯夏庭,王泳嘉,等.深井硬岩岩爆倾向性评价[J].东北大学学报(自然科学版),2001,22(1):0060-0064.

[138] 张镜剑,傅冰骏.岩爆及其判据和防治[J].岩石力学与工程学报,2008,27(10):2034-2042.

[139] 谷明成.秦岭隧道岩爆的研究[J].水电工程研究,2001(3/4):19-26.

[140] 郭然,潘长良,于润沧.有岩爆倾向硬岩矿床采矿理论与技术[M].北京:冶金工业出版社,2003.

[141] 陈育民,徐鼎平.FLAC/FALC3D基础与工程实例[M].北京:中国水利水电出版社,2013.

[142] 赵阳升,冯增朝,万志军.岩体动力破坏的最小能量原理[J].岩石力学与工程学报,2003,22(11):1781-1783.

[143] 徐芝纶.弹性力学(上册)[M].北京:高等教育出版社,2006.

[144] 赵毅鑫,姜耀东,田素鹏.冲击地压形成过程中能量耗散特征研究[J].煤炭学报,2010,35(12):1979-1983.

[145] 何满潮,刘冬桥,宫伟力,等.冲击岩爆试验系统研发及试验[J].岩石力学与工程学报,2014,33 (9):1729-1739.

[146] 牟宗龙.顶板岩层诱发冲击的冲能原理及其应用研究[J].中国矿业大学学报,2008,37(6):149- 150.

[147] 高明仕,窦林名,严如令,等.冲击煤层巷道锚网支护防冲机理及抗冲震级初算[J].采矿与安全 工程学报,2009,26(4):0402-0406.

[148] Kaiser P K, Tannant D D, McCreath D R. Canadian Rockburst Support Handbook[M]. Sudbury, On- tario: Geomechanics Research Centre, Laurentian University, 1996.

[149] 马天辉,唐春安,蔡明.岩爆分析、监测与控制[M].大连:大连理工大学出版社,2014.

[150] 高明仕,张农,窦林名,等.基于能量平衡理论的冲击矿压巷道支护参数研究[J].中国矿业大学 学报,2007,36(4):426-430.

[151] Cai M, Champaigne D, Kaiser P K. Development of A Fully Debonded Conebolt for Rockburst Support [C]//In: Proceedings of the 5th International Seminar on Deep and High Stress Mining. Santiago:[s. n.], 2010:329-342.

[152] Peter K. Kaiser, Ming Cai. Design of Rock Support System Under Rockburst Condition[J].Journal of Rock Mechanics and Geotechnical Engineering,2012, 4 (3): 215-227.

[153] Cook N G W, Ortlepp W D. A Yielding rockbolt:chamber of mines of South Africa[M]. South Africa: Research Organization Bulletin,1968.

[154] M Cai. Principles of Rock Support in Burst-Prone ground[J]. Tunnelling and Underground Space Tech- nology,36 (2013):46-56.

[155] 何满潮,陈新,梁国平,等.深部软岩工程大变形力学分析设计系统[J].岩石力学与工程学报, 2007,26(5):934-943.

[156] 何满潮,孙晓明.中国煤矿软岩巷道工程支护设计与施工指南[M].北京:科学出版社,2004.

[157] ROBERTS M K C ,BRUMER R K. Support Requirements in Rockburst Conditions[J]. J S Af r Ins MinMetall,1998,88 (3):972104.

[158] 郭然,潘长良,于润沧.有岩爆倾向硬岩矿床采矿理论与技术[M].北京:冶金工业出版社,2003.

[159] 陆菜平.组合煤岩的强度弱化减冲原理及其应用[D].徐州:中国矿业大学,2009.

[160] 高明仕.冲击矿压巷道围岩的强弱强结构控制原理[M].徐州:中国矿业大学出版社,2011.